生活中的化學

蔡永昌 編著

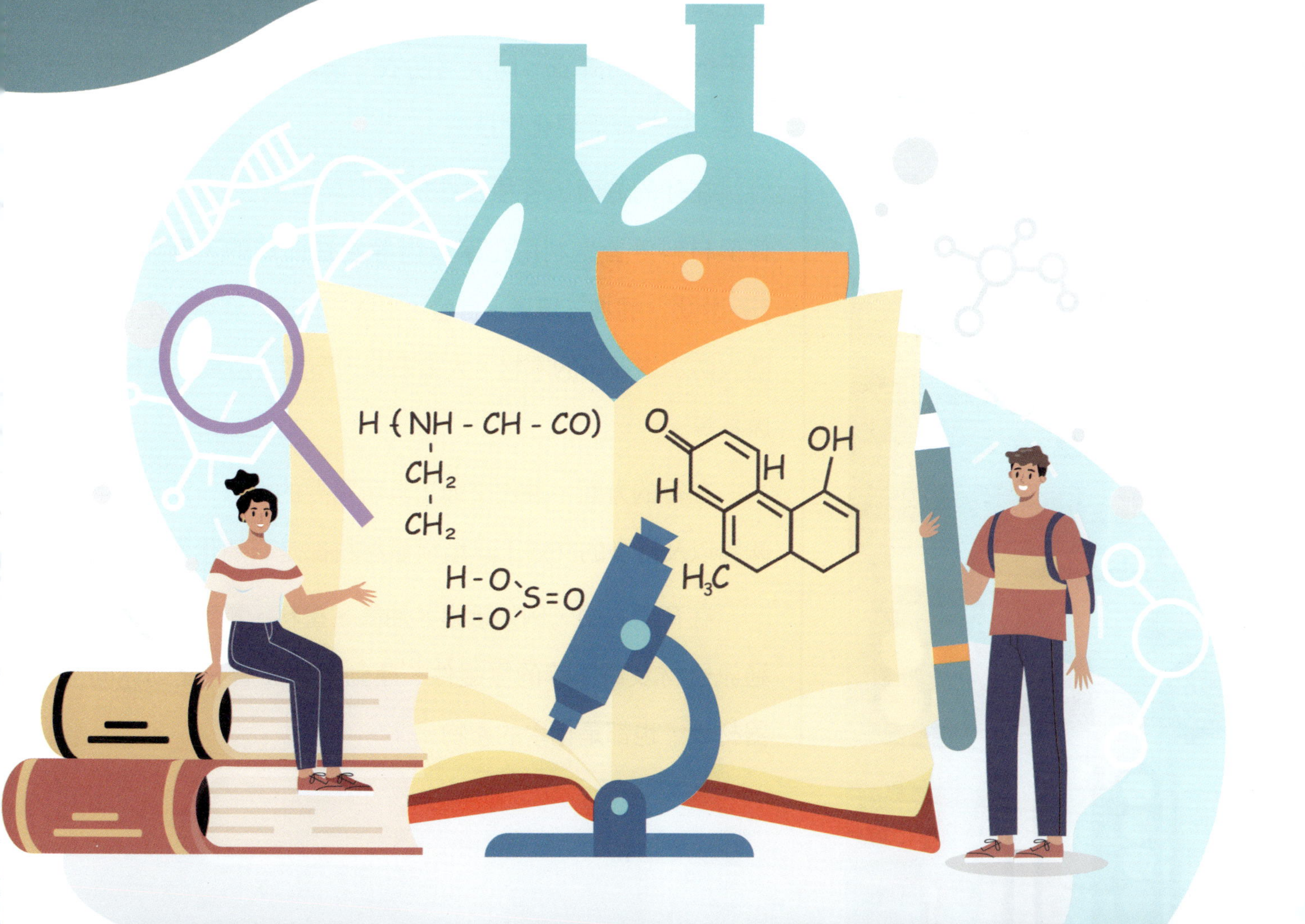

序言
Preface

　　化學在我們日常生活的食、衣、住、行、育、樂和保健當中，扮演了極為重要的角色。

　　在食的方面，我們除了以動植物為食物外，為了使食材口感好及延長食物的保存期限，在加工製造過程中會添加許多的東西，而很多的添加物中都含有以化學合成方法製得的物質，例如防腐劑、調味料、香料、色素、保色劑等食品添加物。

　　在衣的方面，從各種纖維紡成紗、織成布、染色且製成漂亮的衣服，甚至製造出特殊用途的衣服，例如彈性不皺衣、防彈衣、防火消防衣、防水透氣衣、保暖雪衣等，這些都需要化學技術。

　　在住的方面，各種建造房屋與裝潢的建材、燈飾及傢俱材料等皆是利用化學技術等製造而成的，例如：鋼筋、水泥、磚塊、玻璃、合金、塑膠、橡膠、瓷磚、塗料、防火防水處理過的木材、人造石材、窗簾、燈具、桌椅、床具等。

　　在行的方面，現代交通工具所需要的燃料、潤滑油、輪胎以及許多的交通工具結構體材料都是石油化學產品。

　　在育樂方面，例如紙張、油墨、塗料、電池、音響、通訊器材及電腦等的零組件、運動場地面層、運動休閒器材等，也都是化學的產物。

在個人衛生保健方面，我們吃的維他命、藥品，用的洗髮精、沐浴乳、香皂等，也都是化學的製品。

在其他方面，農業上使用的肥料、農藥可增加農產品的產量，醫學上許多的藥品可抑制細菌和病毒，讓人們更健康、長壽，這些也是化學產品造福人類的例子。另外，較新的材料如光纖、精密陶瓷、碳纖維、玻璃纖維、半導體、超導體、液晶、奈米材料等也都是運用化學技術開發出來的。因此我們可以說是生活在化學的世界裡。

化學工業的發展，確實改善了人類的生活，但也帶來不少的負面影響，例如，由於化學工業所需的原料和能源都是取自大自然，而大規模的開採及使用，已使有限的資源逐漸枯竭，也因此破壞了生態環境。化學工廠所產生的廢液、廢氣、廢棄物等，如處理不當，會汙染空氣、河川以及土壤，破壞自然環境，嚴重影響動植物的正常成長及繁殖。

我們對於琳瑯滿目的化學品，必須正確的認識和懂得適當的使用它們，如此，才可避免受到一些化學物質的危害，對於化學物質可能或已經造成的汙染問題，我們則必須正視它，關心它，進而利用化學等科技來預防和解決它。

蔡永昌

目 錄 Contents

Chapter 1 / 食品與化學

1-1	茶與咖啡	2
1-2	食品添加物	8
1-3	食安問題	15
1-4	包裝飲料及手搖飲料	18
1-5	西式速食餐點	25
1-6	養成健康的飲食習慣	27
學習評量		29

Chapter 2 / 衣料與化學

2-1	衣料纖維的種類	32
2-2	特殊材質的衣服、纖維	36
2-3	如何選購運動服、泳衣和登山衣	44
2-4	如何穿出品味和風格	50
2-5	洗淨衣服的清潔劑	54
2-6	慎選洗衣劑	60
學習評量		61

Chapter 3 / 化妝品與化學

3-1	化妝品的定義與分類	64
3-2	清潔用化妝品	65
3-3	護膚保養化妝品	72
3-4	彩妝化妝品	75
3-5	頭髮化妝品	81
3-6	芳香化妝品	86
3-7	特殊作用化妝品	88
學習評量		91

Chapter 4 / 醫療保健與化學

4-1	常見藥物	94
4-2	正確就醫、用藥保平安	97
4-3	正確的身體保健法	101
4-4	健康食品	108
4-5	毒品的認識	112
4-6	遠離毒品	120
	學習評量	122

Chapter 5 / 能源與化學

5-1	能源簡介	124
5-2	化石能源	125
5-3	其他能源	129
5-4	我國的新能源政策	134
5-5	節約能源	135
5-6	化學電池	137
	學習評量	145

Chapter 6 / 材料與化學

6-1	金屬材料	148
6-2	高分子材料	149
6-3	含矽材料	156
6-4	運動場地、運動與休閒用品材料	161
6-5	高科技產業常用的材料	171
	學習評量	176

附錄　　　　　　　　　　　　　　　　　附-1

Chapter 1 / 食品與化學

　　我們每天吃的東西都與化學息息相關，尤其是食品添加物更有不少是化學合成的，這類的食品添加物吃多了，可能對身體造成不良影響，所以平時選購加工食品時應格外小心。

　　適時適量的飲用無糖或少糖的茶、咖啡和含茶飲料應該是對身心有益的。西式速食餐點多油、多鹽、少纖維素，因此不宜經常食用。

　　1-1　茶與咖啡
　　1-2　食品添加物
　　1-3　食安問題
　　1-4　包裝飲料及手搖飲料
　　1-5　西式速食餐點
　　1-6　養成健康的飲食習慣
　　學習評量

▲ 圖 1-1 摘取茶樹的嫩葉和芽

1-1 茶與咖啡

一、茶

茶是茶樹的嫩葉和芽經過加工製得的（圖 1-1）。

1. 茶葉的分類

茶因品種、產地、製法之不同，可製成各種不同的茶葉。由茶乾及茶湯的色澤區分，茶有綠（綠茶）、黃（黃茶）、白（白茶）、青（青茶，主要為包種茶、烏龍茶）、紅（紅茶）及黑（黑茶，以普洱茶為代表）等六種。

一般茶葉的分類是以製造過程中茶葉發酵程度，即兒茶素氧化的程度，區分為不發酵茶、部分發酵茶和完全發酵茶三大類（圖 1-2）。普洱茶則是來自微生物參與的後發酵過程，為另一類型的製造方式。

▲ 圖 1-2 茶葉的分類

2. 茶葉中的成分及對人體的影響

茶葉中含咖啡因、兒茶素、茶鹼、鞣酸、揮發油、灰分及少量的維生素 B、維生素 C 等，成分因品種、產地和製法之不同而略有差異。**兒茶素**為強抗氧化劑，能抑制細胞突變及致癌物的活化；**咖啡因**則會讓人興奮且有提神的效果（圖 1-3）。

咖啡

▲ 圖 1-3　喝茶讓人有精神

咖啡是咖啡樹的種子－咖啡豆（圖 1-4），經晒乾、炒焙、研磨加工而成的（圖 1-5）。

▲ 圖 1-4　在樹上的咖啡豆

▲ 圖 1-5　炒焙過的咖啡豆

1. 咖啡豆的品種

全世界流通的咖啡豆有三大原生種：**阿拉比卡種（Arabica）**、**羅布斯塔種（Robusta）**和**利比里卡種（Liberica）**，而由阿拉比卡種衍生出來的品種更多達 200 種以上，所以全世界的咖啡豆約有七成為阿拉比卡種，二成多為羅布斯塔種，利比里卡種數量則很少（圖 1-6）。世界主要咖啡生產國為巴西、越南、印尼、哥倫比亞、印度、衣索比亞等。

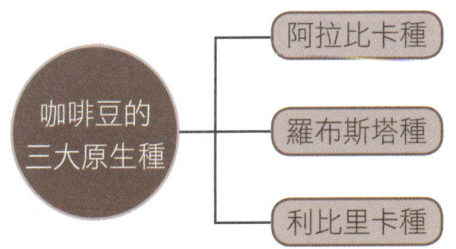

▲ 圖 1-6　咖啡豆的原生種

阿拉比卡咖啡豆主要是以**單品咖啡**的形式提供消費者品嚐，羅布斯塔咖啡豆因苦味較強，常用於**綜合咖啡**或**即溶咖啡**，利比里卡咖啡豆風味較差，所以較少人喝。

2. 咖啡豆的商標名稱

咖啡豆商標名稱的標示方式，全世界並沒有統一的標準，因此都由生產者、銷售者自行命名，一般都以生產的國家或生產的地區命名。

（1）以生產的國家作為商標名稱

例如哥倫比亞咖啡、巴西咖啡、瓜地馬拉咖啡等就是以生產國家的名稱來作為商標名稱（圖 1-7、圖 1-8）。

▲ 圖 1-7 哥倫比亞咖啡

▲ 圖 1-8 巴西咖啡

▲ 圖 1-9 曼特寧咖啡

（2）以生產的地區作為商標名稱

例如：

① 曼特寧咖啡：是採收自印尼蘇門答臘島北部的阿拉比卡咖啡豆（圖 1-9）。

② 藍山咖啡：是產自牙買加藍山地區的阿拉比卡咖啡豆（圖 1-10）。

③ 夏威夷可那咖啡：是指在夏威夷島可那地區所採收的阿拉比卡咖啡豆。

④ 摩卡咖啡：是因為咖啡豆由葉門的摩卡港出口而得名（圖 1-11），葉門出產豆形漿果咖啡豆，這類咖啡豆也是阿拉比卡種。

▲ 圖 1-10 藍山咖啡

▲ 圖 1-11 摩卡咖啡

3. 咖啡飲品的名稱

咖啡飲品名稱百百種，有**濃縮咖啡、美式咖啡、拿鐵、卡布奇諾、摩卡、瑪奇朵、焦糖瑪奇朵、維也納咖啡、愛爾蘭咖啡**等，以下介紹幾種常見的咖啡飲品（圖 1-12）：

▲ 圖 1-12 咖啡飲品的名稱

▲ 圖 1-13 拿鐵

▲ 圖 1-14 摩卡

▲ 圖 1-15 焦糖瑪奇朵

▲ 圖 1-16 維也納咖啡

（1）濃縮咖啡（Espresso）

濃縮咖啡稱為 Espresso 或義式咖啡，是透過高溫高壓的水流沖過咖啡粉而成，味道極為濃郁強烈，沖出來的咖啡一般就一小杯而已。

（2）美式咖啡（Americano）

美式咖啡是將濃縮咖啡加入大量的水來沖淡其味道。

（3）拿鐵（Caffe Latte）

拿鐵是在濃縮咖啡中加入大量的牛奶以享受綿密柔順風味，所以拿鐵中牛奶是主角（圖 1-13）。

（4）卡布奇諾（Cappuccino）

卡布奇諾也是在濃縮咖啡中加入牛奶，但卡布奇諾的奶泡比牛奶多，細緻柔滑的泡沫讓人入口時有綿密的滋味，現在奶泡上方通常會灑上肉桂粉等，卡布奇諾中咖啡是主角。

（5）摩卡（Caffe Mocha）

摩卡大都指加巧克力糖漿的咖啡，並且加入牛奶和鮮奶油，但也有不加鮮奶油，直接在表面灑上可可粉或加巧克力糖漿（圖 1-14）。

（6）瑪奇朵（Macchiato）

瑪奇朵是在濃縮咖啡加上一層奶泡，因為加的奶泡少，因此正統的瑪奇朵大約只有半杯的量，但是在台灣大家習慣喝滿杯的咖啡，所以通常看到的瑪奇朵都是滿杯的。

（7）焦糖瑪奇朵（Caramel Macchiato）

焦糖瑪奇朵奶泡的量比瑪奇朵多，同時加入香草和焦糖，而且是在不攪拌的情況下喝，因此能喝到咖啡、焦糖、奶泡和香草的味道，是味道非常豐富的一種咖啡（圖 1-15）。

（8）維也納咖啡（Vienna Coffee）

維也納咖啡的作法是在咖啡杯的底部灑上薄薄的砂糖、細冰糖或巧克力糖漿，然後倒入滾燙的咖啡，接著在表面擠上冰涼的鮮奶油或者在鮮奶油上再灑點巧克力米，品嚐時不攪拌，所以能喝到三層不同的口味，冰涼的鮮奶油、熱熱的咖啡，然後是糖漿的甜味，這種多層次的不同風味總是讓人難以抗拒（圖 1-16）。

（9）愛爾蘭咖啡（Irish Coffee）

愛爾蘭咖啡的作法是先在咖啡杯加入少許的糖與威士忌，並移到杯架上進行烤杯（以酒精燈加熱），以等速度旋轉使杯子平均受熱，當威士忌與糖融合且即將燃燒時，將酒精燈蓋熄，再將剛煮好的咖啡倒入咖啡杯中，最後加上鮮奶油（圖 1-17）。

▲ 圖 1-17 愛爾蘭咖啡

大家常聽到的黑咖啡（black coffee）是統稱沒有加糖跟牛奶，且加入大量水來沖淡其味道的咖啡，所以美式咖啡又可以稱作黑咖啡。白咖啡（flat coffee）則和拿鐵一樣是加入牛奶和奶泡，只是白咖啡的牛奶和奶泡的量都比拿鐵少，但奶泡的綿密度則比拿鐵好。

4. 咖啡中的成分及對人體的影響

咖啡的主要成分有咖啡因、茶鹼、鞣酸、揮發油、糖分、蛋白質、脂肪等。由於咖啡含有**咖啡因**，也因此有讓人興奮、提神等效果（圖 1-18），但如飲用過多，過量的咖啡因會刺激中樞神經，進而導致心跳加速，也有可能引起骨質疏鬆，一般而言，孕婦、發育中的兒童、胃疾和腎臟病患者，應少喝咖啡。近年來，已有利用溶劑將咖啡因萃取出來的**「去咖啡因咖啡」**上市。

▲ 圖 1-18 喝咖啡可以提神

1-2 食品添加物

一 食品添加物之分類

我國之合法食品添加物可分為以下幾大類：

1. 防腐劑

防腐劑是抑制微生物的生長和繁殖，以避免食品腐敗變質，並延長食品保存期限的一種食品添加物。防腐劑如**己二烯酸**、**去水醋酸鈉**、**苯甲酸**、**苯甲酸鈉**、**山梨酸鉀**等。

（1）去水醋酸鈉

去水醋酸鈉可使產品保存更久，變得更 Q 彈，所以常被食品業者違法添加於麵包、粉圓、麵條、饅頭、湯圓、芋圓、年糕、發糕、米苔目、布丁等（圖 1-19）。

（2）苯甲酸

苯甲酸常用於魚肉煉製品、肉製品、醬油、果醬、魚貝類乾製品、豆皮豆乾類及碳酸飲料等（圖 1-20）。

（3）山梨酸鉀

山梨酸鉀一般用於魚類再製品、糕餅和飲料等。

▲ 圖 1-19 湯圓、芋圓中常添加防腐劑

▲ 圖 1-20 醬油、果醬中常添加防腐劑

2. 殺菌劑

殺菌劑是為了殺死微生物，防止食品腐敗和延長保存期限的添加劑，殺菌劑除了有殺菌的功能，一般也有漂白作用，因可能與食品中的成分起反應而讓食品變質，所以較少直接添加於食品中，主要用於飲料水以及食品容器、設備的殺菌消毒。殺菌劑如**次氯酸鈉**、**過氧化氫**等。

3. 抗氧化劑

含有油脂之食品極易產生酸敗現象，油脂酸敗一般需經過氧化作用，而抗氧化劑可產生抗氧化效果，防止油脂酸敗，抗氧化劑如**丁基羥基甲氧苯（BHA）**、**二丁基羥基甲苯（BHT）**、**維他命 C**、**維他命 E** 等。抗氧化劑常添加於油脂、乳酪、奶油、魚貝類製品等。

▲ 圖 1-21 泡麵中含有 BHT

為了保存方便，泡麵都經過油炸，而且油中往往添加了 BHT 以防止泡麵酸敗（圖 1-21）。

4. 漂白劑

為了吸引消費者購買產品，製造商常用漂白劑將食品漂白，使其色澤一致或使不美觀的顏色淡化，漂白劑一般也具有抑菌防腐的作用。漂白劑如**亞硫酸鈉**、**亞硫酸鉀**、**亞硫酸氫鈉**等。

漂白劑常用於金針乾、杏乾、脫水蔬菜、糖漬水果乾及蝦類貝類食品（圖 1-22），生菜如泡過亞硫酸鈉或亞硫酸鉀，可保持翠綠（圖 1-23）。

（a）金針乾

（b）脫水蔬菜

▲ 圖 1-22 金針乾、脫水蔬菜常用漂白劑漂白

▲ 圖 1-23 泡過漂白劑的生菜可保持翠綠

5. 保色劑

保色劑可用來保持食品原有的色澤或延遲食品變色，所以深受消費者喜愛，又因為保色劑也有抑菌作用，因此也可延長食品之保存期限，保色劑如硝酸鈉、硝酸鉀、亞硝酸鈉、亞硝酸鉀等。

保色劑常用於魚肉製品和肉類醃製品（香腸、臘肉等）中（圖 1-24），使這些肉品保持鮮豔的紅色，但亞硝酸鈉、亞硝酸鉀等會與食品中的胺形成致癌物，所以這些添加保色劑的食品不宜吃太多。

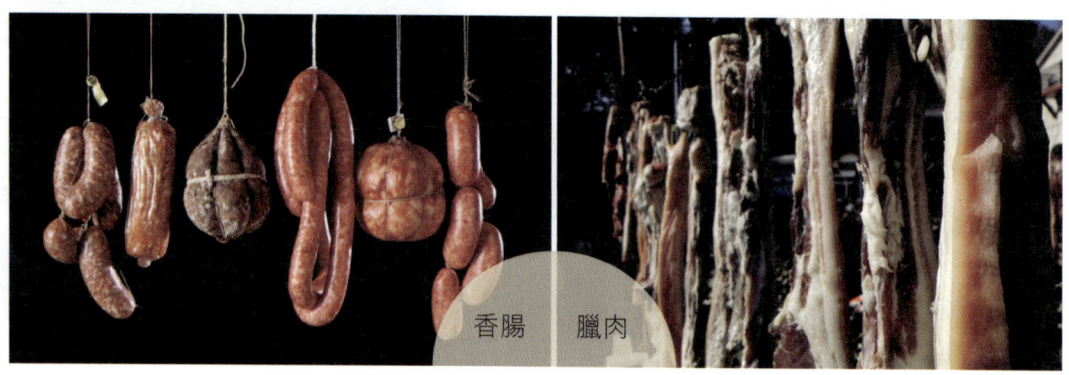

▲ 圖 1-24　香腸、臘肉中常添加保色劑

6. 膨脹劑

以小麥粉為主的食品，如麵包、蛋糕、餅乾、饅頭、包子和油條等，製造時常會添加碳酸氫鈉（蘇打粉）、發粉（蘇打粉與其他物質混合）或酵母菌等膨脹劑（圖 1-25），膨脹劑受熱會分解產生氣體，這些氣體會使食品內部產生均勻緻密的孔狀組織，而使食品膨鬆、柔軟和酥脆，也可讓這些食品在人體內較易被吸收。

▲ 圖 1-25　饅頭、包子製造時常添加膨脹劑

另外硫酸鋁鉀（鉀明礬）等膨脹劑則常添加於軟體類（魷魚、章魚等）、甲殼類（蝦、蟹等）、棘皮類（海參、海膽等）水產加工品及海帶等（圖 1-26），用來使這些產品體積增大。

▶ 圖 1-26　為了加速軟化海帶及處理雜質，商人會使用膨脹劑反覆浸泡海帶

7. 營養添加劑

食品在加工的過程中往往會失去許多營養成分，為了補充這些失去的營養成分、提供一般人普遍缺乏的營養素或滿足特定族群的營養需求，通常於食品中添加某些營養添加劑，如維生素 A、B$_1$、B$_6$、D、E、碘化鉀、礦物質等。例如在奶粉中加入鐵和鈣的高鐵高鈣奶粉（圖 1-27），在可樂中添加膳食纖維等（圖 1-28）。

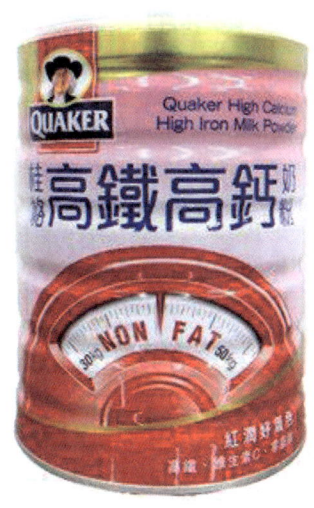

▲ 圖 1-27 高鐵高鈣奶粉

8. 著色劑

為了吸引消費者並提高其購買慾，及增進消費者食慾，對於無色或顏色不美觀之食品，常於加工過程中添加著色劑，人工著色劑如食用紅色 6 號、食用紅色 7 號、食用黃色 4 號等，天然著色劑如焦糖色素、葉綠素、類胡蘿蔔素等。

著色劑最常使用於蜜餞類、糖果、蛋糕、飲料等食品（圖 1-29），焦糖色素加於食品中除了賦予顏色也帶給食品特殊的風味。

▲ 圖 1-28 添加膳食纖維的可樂

9. 香料

食品的香味不僅可以讓人在進食時放鬆、陶醉、享受外，也可增進食慾並幫助人體的消化吸收，香料如丁香醇、桂皮酸、乙酸乙酯、乙酸丁酯等，冰棒中經常會加入香料。

▲ 圖 1-29 蜜餞、糖果中常添加著色劑

1-4 包裝飲料及手搖飲料

一 包裝飲料

包裝飲料係指瓶裝、罐裝、紙盒裝和鋁箔包裝飲料，市售的包裝飲料琳瑯滿目，包含茶飲料、咖啡、蔬果汁、牛奶、豆漿、優酪乳、碳酸飲料、氣泡水、乳酸飲料、運動飲料和提神飲料等（圖 1-41）。

▲ 圖 1-41 包裝飲料琳瑯滿目

飲料喝起來香甜又順口，讓人心曠神怡，深受消費者喜愛，但飲料中或多或少都含有人工色素、甜味劑、黏稠劑及防腐劑等，而最大問題是飲料中的糖分普遍偏高，長期飲用易使血糖過高，進而引發肥胖、蛀牙及糖尿病、高血壓等病症。

以下將各類包裝飲料分述如下：

1. **含茶飲料**

   適時適量的喝含茶飲料對人的身心健康應有幫助，尤其茶葉中的 兒茶素 可抗氧化， 咖啡因 可提神，但喝過量，其中的 單寧酸 會增加骨質疏鬆症發生的機率；咖啡因則會刺激中樞神經，進而導致心跳加速，所以宜適量飲用，另外有些含茶飲料糖分過高也應注意（圖 1-42）。

2. **咖啡**

   咖啡中的 咖啡因 可提神，但喝過量其中的咖啡因會刺激中樞神經，進而導致心跳加速、血壓升高，也有可能引起骨質疏鬆和腸胃不適等（圖 1-43）。

▲ 圖 1-42 含茶飲料

3. 蔬果汁

100% 的蔬果汁含大量的維生素 C，能夠促進人體膠原蛋白的形成、肌膚修護及預防感染；蔬果汁也含大量纖維素，對健康有益，但如蔬果汁中的纖維質被過濾掉，則很難獲得足夠的纖維素。不管是 100% 的蔬果汁或加水稀釋的蔬果汁，糖分都高，所以不宜喝太多（圖 1-44）。

4. 牛奶

牛奶富含鈣質和蛋白質，對人體發育有幫助且可增強人體免疫力，但僅可做為食物攝取，不能當水喝，因為牛奶喝多了會導致蛋白質過量，進而造成身體負擔（圖 1-45）。

▲ 圖 1-43　咖啡飲品

▲ 圖 1-44　蔬果汁

▲ 圖 1-45　牛奶

11. 提神飲料

當你精神不濟，想睡卻不能睡的重要時刻，提神飲料就可以派上用場，提神飲料含**咖啡因**、**牛磺酸**、**維生素 B 群**及**糖分**等，如馬力夯、蠻牛、紅牛、康貝特、活力爆發（Power BOMB）等，可提神，但喝多了有糖分和咖啡因過高的問題（圖 1-52）。

▲ 圖 1-52 提神飲料

手搖飲料

手搖飲料業者為迎合消費者的需求，推出許多富創意又多變化的口味，讓人很難抗拒它的誘惑（圖 1-53），手搖飲料是許多年輕人生活的必需品，每天一杯手搖飲料快樂似神仙，再加上手搖飲料店街頭巷尾林立（圖 1-54），購買非常方便，深受消費者喜愛，但

▲ 圖 1-53 手搖飲料

手搖飲料一般含糖分較高，且含香料等食品添加物，除了容易上癮，喝多了也可能增加罹患糖尿病、高血壓等疾病的風險，所以不宜喝太多。以下介紹幾類常見的手搖飲料：

▼ 圖 1-54 手搖飲料店

1. 無糖或少糖的綠茶或紅茶

如適時適量喝無糖或少糖的綠茶、紅茶、烏龍茶等，對身體較無不良影響（圖 1-55）。

2. 調味茶

如你喝的是又香又甜的調味茶，如檸檬綠茶、百香綠、養樂多綠、冰淇淋紅茶、錫蘭奶茶、芋香奶茶、金桔檸檬等（圖 1-56），其中使用的紅茶、綠茶應無問題，但所添加的所謂果汁多半是加了香料、防腐劑，價格非常便宜且久放不壞的化學濃縮果汁，因此不宜多喝。如調味茶使用的是新鮮果汁則對健康較無不良影響。

3. 果汁類飲料

現打的果汁類飲料，如西瓜汁、芒果汁、木瓜牛奶等（圖 1-57），為了使口感更佳、更香甜，不肖商人也有可能添加化學濃縮果汁，而為了節省成本也有可能買過熟或較不新鮮的水果來打成汁，因此除非你在現場確認是新鮮水果否則最好還是敬而遠之。

▲ 圖 1-55 紅茶

▲ 圖 1-56 金桔檸檬

▲ 圖 1-57 現打果汁

4. 冰沙

炎炎夏日吃碗草莓、芒果或巧克力冰沙很過癮且讓人難以抗拒（圖 1-58），但冰沙中同樣有可能添加化學濃縮果汁和過熟或較不新鮮的水果汁，所以少吃為妙。

5. 含珍珠的飲料

含珍珠的飲料如珍珠奶茶、珍珠綠茶等（圖 1-59），其中的珍珠煮好以後必須用冷水洗才不會黏成一團，有些商人為了節省成本和時間直接用自來水洗，但為了怕珍珠壞掉又加入防腐劑，另外為了使珍珠有 Q 彈的口感，珍珠中常添加**去水醋酸鈉**等防腐劑，因此也不宜經常吃。

6. 仙草

傳統仙草凍都是用**藥草**熬煮、冷卻後製得，美味可口，但市面上有化學濃縮仙草汁製成的仙草凍，所以購買時應慎選飲料商（圖 1-60）。

守法有良心的商人也大有人在，所以對於手搖飲料也不必過度排斥，一般而言，只要慎選有品牌、有口碑的飲料店，衡量自己身體狀況選擇適合自己喝的飲料，不能喝的一定要忌口，能喝的才喝，且在適時適量的情況下飲用不含糖或含糖分較低的手搖飲料，應該不至於危及健康。

▲ 圖 1-58 草莓冰沙

▲ 圖 1-59 珍珠奶茶

▲ 圖 1-60 仙草凍

Chapter 1 ｜食品與化學 25

1-5 西式速食餐點

　　西式速食點餐送餐快，色香味俱佳，可刺激食慾，速食易食，又可快速供應身體所需能量，再加上速食店到處林立，因此深受大眾歡迎，較知名的西式速食品牌有麥當勞、肯德基、摩斯漢堡、BURGER KING 和 SUBWAY 等（圖 1-61）。

▲ 圖 1-61 速食店到處林立

西式速食餐點琳瑯滿目，如漢堡、米漢堡、潛艇堡、熱狗、薯條、薯餅、炸雞等（圖 1-62、圖 1-63、圖 1-64、圖 1-65），主要的特色是味道香濃可口、高油脂、高蛋白、高鹽分、低纖維、含較多的食品添加物等，飲品如可樂、奶昔、聖代、冰淇淋、柳橙汁等則有高糖分的問題（圖 1-66、圖 1-67）。

▲ 圖 1-62 漢堡　　　　　▲ 圖 1-63 潛艇堡　　　　　▲ 圖 1-64 炸雞

▲ 圖 1-65 薯條、薯餅　　　　　▲ 圖 1-66 聖代　▲ 圖 1-67 冰淇淋

西式速食餐點較缺少蔬果、纖維素、維生素及礦物質等，因此如經常食用易導致營養不均衡；高油脂、高糖分也會造成人體攝取過多熱量，增加罹患高血壓、糖尿病等疾病的風險。如速食店使用的是動物性油，則容易使膽固醇過高，進而危及心臟健康；長期攝取高鹽份食物，則會對心血管和腎臟造成不良影響。

總而言之，吃速食要適可而止，不宜經常吃，吃速食時最好加點生菜沙拉、水果或吃完速食餐後多補充蔬果，讓攝取的營養較均衡。

1-6 養成健康的飲食習慣

1. 均衡飲食的重要性

（1）均衡飲食能提供足夠的營養素以確保人體發育、成長所需，並可以提供應付繁重的功課或忙碌的工作、家居生活、娛樂及運動所需的熱量和活力。

（2）養成均衡飲食的習慣可以避免過度肥胖、消瘦及腸胃病等（圖 1-68），亦可降低罹患心臟病、高血壓、貧血、糖尿病和癌症的機率。

（3）均衡飲食能讓人身心愉快、笑口常開。

▲ 圖 1-68 過胖或過瘦都不好

2. 健康飲食的具體作法

（1）飲食如要均衡，可參照「健康飲食金字塔」（圖 1-69）的分量比例進食，不可偏食，且應避免吃太鹹、太甜、太油、太刺激、高膽固醇、醃製和加工的食物。

▲ 圖 1-69 健康飲食金字塔

（2）口渴時多喝開水，儘量少飲用包裝飲料及手搖飲料。

（3）早、午、晚三餐要定時定量，切勿過度飢餓或過飽。

（4）儘量在家進食，上學或上班可自己準備午餐（便當），因外面食品多屬高熱量、高脂肪、少蔬果，且食物大都以煎、炸、烤為主。如需外出進食，應儘量按照「健康飲食金字塔」的分量比例選用食物。

（5）進食時應保持輕鬆、愉快的心情並細嚼慢嚥（圖 1-70）。

（6）定期適量運動，如散步、慢跑、打球、游泳及登山等；協助做家事及培養良好的嗜好，如做手工藝、閱讀、寫作、繪畫、下棋、集郵、聽音樂、歌唱、看電影等（圖 1-71、圖 1-72、圖 1-73），以免因無聊而無節制地找東西吃。

（7）少吃垃圾零食，睡前更不能吃得過飽。

（8）選購補品、營養品、健康食品、提神飲料時應格外小心，以免傷了健康又浪費金錢。

▲ 圖 1-70 用餐時應保持愉快的心情

▲ 圖 1-71 打球

▲ 圖 1-72 游泳

▲ 圖 1-73 聽音樂

學習評量

一、請在空格處填入適當內容

1. 咖啡的三大原生種

種　類	特　性	產　量
利比里卡種	風味較差	產量最少
①	苦味較強，常用於綜合咖啡或即溶咖啡	產量其次
②	主要用於單品咖啡	產量最多

2. 食品添加物的種類

食品添加物的種類	實　例
防腐劑	苯甲酸、去水醋酸鈉
③	硝酸鈉、亞硝酸鈉
④	木糖醇、阿斯巴甜
⑤	發粉、酵母菌
黏稠劑	玉米糖膠、乾酪素

二、簡答題

1. 請問茶葉中的哪一種成分為抗氧化劑？

2. 飲用過多的咖啡可能對人體造成什麼影響？

3. 長期喝碳酸飲料會使人體攝取的哪一種成分過高，進而妨害鈣質吸收？

三、學後心得

請問您通常多久吃一次漢堡餐？以後吃完漢堡後會不會多補充蔬果，讓攝取的營養較均衡？

筆記欄 MEMO

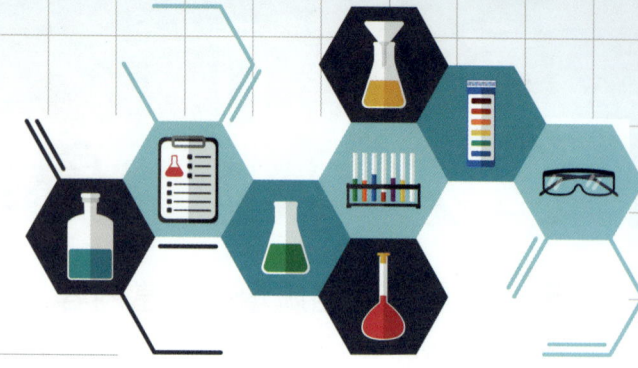

Chapter 2 / 衣料與化學

　　為了強化衣服的機能性，現在很多衣服的纖維都是由天然纖維和人造纖維混紡而成。本章簡單的探討選購運動服、泳衣和登山衣時的一些要訣，也提供一些建議教你如何穿得有品味和穿出自己的風格。要確實洗淨衣服又兼顧環保，慎選洗衣用清潔劑是很重要的。

2-1　衣料纖維的種類

2-2　特殊材質的衣服、纖維

2-3　如何選購運動服、泳衣和登山衣

2-4　如何穿出品味和風格

2-5　洗淨衣服的清潔劑

2-6　慎選洗衣劑

學習評量

2-1 衣料纖維的種類

一般常見的衣料纖維可分成**天然纖維**和**人造纖維**兩大類。天然纖維依其來源可分成植物纖維和動物纖維，人造纖維則分為再生纖維和合成纖維。

一、衣料纖維的種類

1. 天然纖維

（1）植物纖維

① 棉纖維：**棉纖維**由棉花編織而成（圖 2-1），主要成分為**纖維素**。棉纖維柔軟吸汗、透氣、可保暖，但如果長時間曝曬會變質，易皺，光澤較差，易生霉。棉纖維可用來製造舒適的內衣、嬰幼兒服飾、毛巾、休閒服、運動衣等（圖 2-2）。

② 麻纖維：**麻纖維**由麻編織而成，主要成分也是**纖維素**（圖 2-3、圖 2-4）。麻纖維具光澤、韌性強、挺度夠，且透風、涼爽，但缺乏彈性、易皺，適宜作夏季衣料、手帕、領帶等。

▲ 圖 2-1 棉花

▲ 圖 2-2 美女們穿著舒適的棉製 T 恤

▲ 圖 2-3 麻

▲ 圖 2-4 麻布

（2）動物纖維

① 毛：**毛**主要來自綿羊、兔子、羊駝以及駱駝等動物（圖 2-5、圖 2-6、圖 2-7、圖 2-8），具有彈性、柔軟舒適、保暖性很好，受彎曲或摺疊後仍能恢復原狀，而且韌性較蠶絲、棉來得大，但會縮水、易受蟲害、易生霉。主要化學成分為**蛋白質**。可用來製造毛衣、毛帽、圍巾和外套等（圖 2-9）。

▲圖 2-5 綿羊

▲圖 2-6 兔子

▲圖 2-7 羊駝

▲圖 2-8 駱駝

▲圖 2-9 毛製衣服

▲ 圖 2-10　蠶

▲ 圖 2-11　蠶繭

▲ 圖 2-12　絲巾

▲ 圖 2-13　絲製旗袍

② 絲：**絲**具有韌性、光澤和彈性，但如長時間受日光照射，容易變黃，且強度會減弱，會縮水、易受蟲害。主要化學成分為**蛋白質**。絲高雅華麗，被譽為織物中的極品，世上幾種最漂亮的服裝，例如日本的和服、印度的莎麗和韓國的韓服（朝鮮服），都是用絲綢製成的，絲也常用於製造領帶、手帕、領巾、睡衣等。

人們養蠶（圖 2-10），蠶能吐絲結繭，將蠶繭（圖 2-11）抽絲然後把絲捲到軸上使成束絲，接著將束絲紡織成絲綢，最後將絲綢製造成絲巾和絲製衣服等（圖 2-12、圖 2-13）。

2. 人造纖維

（1）再生纖維

① 嫘縈：**嫘縈**柔軟有光澤、不易起毛球，但易皺易縮，常做衣服的裡布。

② 醋酸纖維：**醋酸纖維**是將纖維素以醋酸、無水醋酸和硫酸處理生成。性質與絹絲相近，深受婦女喜愛。

（2）合成纖維

① 聚醯胺纖維：商品名稱為**尼龍（耐綸）**，有尼龍66和尼龍6等。尼龍纖維具光澤、柔順、易洗快乾、抗拉強度大、彈性佳，常用於製造襪類等。因耐光性較聚酯纖維差，所以衣著用途已逐漸被聚酯纖維取代。

② 聚酯纖維：商品名有**達克隆**等。聚酯纖維抗皺、伸張強度高、有舒適觸感、易洗快乾、抗蟲蛀，但吸汗力差、通氣性差、易產生靜電、經常用於製作夏季西服、洋裝、襯衫、學生服、領帶等。

③ 聚丙烯纖維：商品名有**奧隆**等。聚丙烯纖維質輕、保暖、耐磨、不易皺、抗風、抗蟲蛀、耐日曬，有類似羊毛的觸感，可作為羊毛的替代品，但吸濕性差、易生靜電、易起毛球。通常用來製作西服、毛衣、厚運動衫、冬襪等。

混紡纖維

混紡纖維是由兩種或兩種以上的纖維織造而成，它可以擷取各種纖維的優點並且降低成本，是現代織物的新寵兒。

1. 聚酯纖維與棉混紡

這種混紡纖維耐洗、免熨燙又吸汗、透氣，常用於製造內衣、春夏襯衫、學生服、運動衫及秋季風衣等。

2. 聚酯纖維與毛混紡

這種混紡纖維觸感柔軟、外觀筆挺，常用於製造四季男女套裝。

3. 聚酯纖維與嫘縈混紡

這種混紡纖維耐洗、成本低，常用於製造工作服、學生服等。

4. 聚丙烯腈纖維與棉混紡

這種混紡纖維質輕、易洗、又吸汗，常用於製造秋季內衣、運動衣等。

5. 聚丙烯腈纖維與毛混紡

這種混紡纖維質輕、彈性佳、柔軟、耐用，常用於製造男、女秋季外出服。

6. 聚醯胺纖維與毛混紡

這種混紡纖維耐用、外觀筆挺，觸感亦佳，常用於製造男女西裝（圖 2-14）。

▶ 圖 2-14 聚醯胺纖維與毛混紡的男女西裝

2-2 特殊材質的衣服、纖維

一 特殊材質衣服的種類

1. 防水、透氣衣

　　防水透氣衣是由防水透氣布料製成，**Gore-Tex** 是目前最常用的頂級防風、防水且透氣布料，Gore-Tex 是一種多孔的薄膜，它需要壓合在一層尼龍材料裡面才可以做衣服面料，此種布料柔軟堅韌，廣用在登山及禦寒等戶外衣著（圖2-15），為美國 Gore-Tex 公司的專利產品，所以 Gore-Tex 布料製成的衣物，目前價位都不便宜。Gore-Tex 布料製成的衣服可使用洗衣粉在溫水中輕搓洗淨，不能用洗衣機洗，否則性能會越來越差。洗完後可用乾衣機烘乾，也可使用低溫熨斗燙平。

▼ 圖 2-15　Gore-Tex 外套

2. 涼感衣

市面上琳瑯滿目的涼感衣服，可大分為二種類型：

（1）是在合成纖維如聚酯纖維、尼龍中添加礦石粉

礦石的比熱小、熱平衡快，穿上添加礦石粉的衣物進到冷氣房，很快就能與環境的溫度產生平衡，達到降溫的效果。這就是為什麼商店裡的這類型涼感衣摸起來總是涼涼的（圖 2-16）。相對地，在炎熱的環境裡這種材質也熱得快，穿上它反而會比一般衣物感覺更熱，不過這類涼感衣通風排汗的效果較好，所以雖然熱得快，卻不至於黏膩，也因此感覺較舒服。雖然穿這類型的涼感衣在豔陽下不會覺得涼，但在較涼的空間裡可以不用開冷氣，或者在冷氣房裡可調高空調溫度 1～2 度，這樣不僅節省電費，還可達到節能減碳的效果。

（2）大量混用吸濕性好的材質如棉、嫘縈等纖維，號稱涼感纖維

這類涼感衣讓纖維適度的回潮，所以帶來濕涼感，的確很適合夏天穿著（圖 2-17）。不過這種材質大量吸水後不容易乾，因此汗流浹背後最好別立刻進入冷氣房，且應立即換件衣服避免著涼。這類型的涼感衣雖然不會給人瞬間清涼的感受，但在炎熱的環境裡也不會有加溫的感覺，且良好的吸汗功能穿起來讓人感覺舒適、不濕黏。

選購涼感衣時，與其一頭熱地瘋廣告，不如仔細查看衣物標籤上的纖維成分，如果吸濕性好的材質含量高的話，其實也就是涼感衣的一種。

▲ 圖 2-16 含礦石粉（花蓮玉石粉）的涼感衣

▲ 圖 2-17 含涼感纖維的涼感衣

3. 吸濕排汗衣

　　吸濕排汗衣是使用吸濕排汗紗製成，**吸濕排汗紗**是利用纖維表面微細溝槽所產生的毛細現象，使汗水經吸收、擴散、傳輸等作用迅速移至纖維物的表面並發散，吸濕排汗效果好、透氣舒適、不悶熱，且本身有些微彈性，所以廣用於運動T恤、登山內衣等（圖 2-18）。

▲ 圖 2-18　吸濕排汗運動 T 恤

4. 防蚊衣

　　市面上有一種防蚊衣是在織布時加入特定藥劑，廠商聲稱這種衣服本身會散發出一種蚊蟲才聞得到的討厭氣味，也因此蚊蟲不敢接近，可達到驅離蚊蟲的效果，而這種味道人卻聞不到（圖 2-19）。

　　經廠商實驗證實此種防蚊衣可有效避免蚊蟲叮咬 95% 以上，又不會讓人體產生過敏與不良影響，水洗 50 次後仍可達新衣 85% 的驅蚊效果。這種防蚊衣除能防蚊且有透氣、快乾、抗 UV 等功能。

▲ 圖 2-19　防蚊衣

5. 消防衣

消防衣褲必須達到隔熱、防水、透氣、高強度、色牢度佳及尺寸的安定性好等特性，以保護消防救災人員免於火場熱的危害之外，更可確實保護消防人員在不同救災任務時，如暴雨、低溫、強風和火場大量用水等救災環境，達到全面的保護效果（圖 2-20）。消防衣褲材質由外往內分為**耐焰層**、**防水透氣層**、**隔熱層**及**內裡層**。

（1）耐焰層

耐焰層採用防火纖維材質，能夠達到防火、防焰、耐撕扯、耐穿刺及抗化學品，並含有抗靜電纖維，而布料更達到輕量化、高強度之要求。

（2）防水透氣層

防水透氣層採用具有良好防水透氣性能的薄膜，與防火纖維製成的防火布貼合而成，重量輕。

（3）隔熱層

隔熱層採用隔熱織物，重量也非常輕，隔熱層與防水透氣層縫合在一起。

▲ 圖 2-20 穿著消防衣的男女隊員

（4）內裡層

內裡層主要由阻燃黏膠纖維組成。

整件消防衣是採用防火纖維製成的縫線所縫製，並在肩部縫合提供高度的活動性。

6. 防彈衣

一般防彈衣外層是輕質的**氧化鋁片**，接著是幾層輕薄如紙的**超高分子量聚乙烯纖維**（簡稱高強聚乙烯纖維）的裡層，這種高強聚乙烯纖維可以說是世界上最堅韌的纖維，具有高強度、高彈性、高耐衝擊性及獨特的耐熱性，強度是鋼鐵的 15 倍，韌性比尼龍纖維高 40% 以上，是目前製造防彈衣的主要材料（圖 2-21）。另外一些防彈衣中還額外添加石墨烯材料，防彈效果更好。

▲ 圖 2-21 穿著防彈衣的女警

7. 發熱、蓄熱保溫衣

發熱衣其實不會發熱，它是利用布料的機能材質鎖住皮膚散發的熱氣、汗水的水蒸氣，所以才讓人體有「發熱的感覺」。

一般市售的發熱衣是透過布料材質，來產生所謂的蓄熱保暖效果。發熱衣保暖原理與方法可歸納如下：

（1）以合成纖維混紡的方式處理

利用不同特性的纖維做**混合紡織**，達到保暖的效果，常用的有聚酯纖維、聚丙烯纖維、嫘縈和聚丙烯酸酯纖維等。這類的發熱衣觸感滑滑的，布料很薄，蓄熱空間小，吸溼排汗效果有待驗證（圖 2-22）。

（2）在纖維中加入遠紅外線陶瓷成分

在纖維中加入**遠紅外線陶瓷成分**，能夠反射人體發出的遠紅外線，且將可見光轉成遠紅外線並釋放熱能。穿上這種添加遠紅外線陶瓷粉的衣服，大約可以讓體表溫度上升攝氏 2～3 度（圖 2-23）。

（3）加強纖維吸收光的能力

纖維的「光吸收性」好，也可以達到發熱效果，所以廠商通常會在合成纖維裡添加特定物質，讓纖維吸收光的能力更強，而達到蓄熱保暖的效果（圖 2-24）。

挑選發熱衣除了注意保暖成份以外，親膚度、薄透度以及是否貼身也都要加以考慮。

▲ 圖 2-22 含蓄熱保溫纖維的發熱衣 　　▲ 圖 2-23 遠紅外線發熱衣 　　▲ 圖 2-24 光柔發熱衣

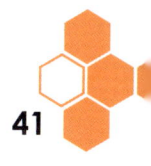

特殊材質纖維的種類

1. 抗紫外線纖維

紫外線對人的皮膚有害，穿黑色和深色的衣服雖然可吸收紫外線而使人體肌膚較不會受到危害，但是夏天大家還是喜愛穿著薄的淡色衣服，因此廠商開發出抗紫外線纖維，一般是在聚酯纖維中加入紫外線遮蔽劑（如二氧化鈦、氧化鋅等）來反射和散射紫外線；或者在聚酯纖維中加入紫外線吸收劑（如水楊酸酯等有機化合物）來吸收紫外線，使紫外線不易穿透衣服，而達到防曬的效果。抗紫外線纖維適合製作夏季襯衣、薄外套（抗紫外線外套或防曬外套）、沙灘裝、T 恤、遮陽傘和遮陽帽等（圖 2-25、圖 2-26）。

抗紫外線產品的標籤上通常標有紫外線防護係數（UPF 值），UPF 值越高，防護紫外線的功能越高，一般以 UPF 15 為最基礎，UPF 50 以上就有非常好的防護紫外線功能。抗紫外線產品清洗時不可使用漂白水或含有漂白劑的洗衣劑，以免破壞產品防護紫外線的功能。

2. 抗靜電纖維

天氣乾燥時，不同的物質相互摩擦就會產生靜電，因為摩擦過程中一方會產生正電荷，另一方會產生負電荷，這些電荷殘留在物體表面就是靜電，所以合成纖維衣物、地毯、坐墊等受到摩擦，都會產生靜電，抗靜電纖維通常是在纖維製造過程中加入**導電物質**，以減少靜電的累積。例如在合成纖維（主要是聚醯胺或聚酯）熔融紡絲時加入導電物質（例如碳黑）。無塵室用的靜電釋放無塵衣就是利用抗靜電纖維製成（圖 2-27）。

▲ 圖 2-25 抗紫外線外套　　▲ 圖 2-26 防曬外套　　▲ 圖 2-27 靜電釋放無塵衣

3. 抗菌纖維

抗菌纖維主要是透過加入**抗菌劑**加工而成，有機抗菌劑如甲醛、有機鹵素化合物等，無機抗菌劑如銀、銅、鋅等金屬（或其離子），近年來透過奈米技術可以將有機和無機融合成複合抗菌劑，兼具有機和無機抗菌劑的優點，市面上販售的嬰幼兒用紡織品、貼身內衣褲、醫療用紡織品、寢具、傢飾用紡織品、衛生清潔用紡織品、汽車用紡織品等（圖 2-28），有許多是抗菌纖維製造而成的。

4. 彈性纖維

杜邦公司成功開發了一種彈性纖維，這種纖維就是類似極細的橡皮筋，由於彈性佳，近幾年被大量的用到針織、平織運動衣物（圖 2-29）。

5. 防黴纖維

防黴纖維是在纖維中加入**防黴劑**，可以防止黴菌在布料上滋長及產生異味或斑點，並避免皮膚炎和皮膚過敏等情況發生，所以防黴纖維應用十分廣泛，舉凡防黴服裝、醫療用織品、家居用抹布和衛浴毛巾、傢飾用織品和襪類等，有許多是防黴纖維製成的（圖 2-30）。

▲ 圖 2-28 新生兒抗菌包巾

▲ 圖 2-29 彈性纖維製成的塑身衣

▲ 圖 2-30 防黴抗菌衣

6. 防臭、除臭纖維

在穿衣、活動過程中，衣服很容易沾黏汗液、皮脂和皮屑以及環境中的汙物，而細菌分解汗液中的醣類、脂肪酸和分解皮屑等會生成不飽和脂肪酸、氨及其他揮發性惡臭物質，也因此產生異味。

隨著人們追求衛生健康和舒適悠活意識的提高，以及科學技術的快速發展，抗菌防臭、除臭的功能性紡織品也應運而生。

防臭、除臭纖維是在纖維中加入**除臭劑**，而除臭劑種類很多，不同的除臭劑有不同的除臭方式，主要有吸附除臭，例如用碳纖維和無機吸附劑等來吸附臭氣成分，以達到除臭，另外有用芳香物質掩蓋臭味、化學中和法除臭以及利用奈米粒子的光催化作用來分解臭氣成分，從而達到除臭的目的。

防臭、除臭纖維常用於除臭襪和除臭口罩等（圖 2-31、圖 2-32）。

▲ 圖 2-31　除臭襪

▲ 圖 2-32　除臭口罩

2-3 如何選購運動服、泳衣和登山衣

一 選購運動服

現代人普遍重視日常運動以保養健身，因此選擇舒適的運動服飾，就變得很重要，如何挑選運動服以下提供幾點建議：

1. 依據運動類型選擇合適（具功能性設計）的運動服（圖 2-33、圖 2-34、圖 2-35、圖 2-36、圖 2-37），換言之，不管是健身、跑步、騎腳踏車還是打球，唯有穿著特殊設計、合身或寬鬆的運動服才能達到運動的目的，而不對的運動服瞬間可能讓運動變成一場鬧劇，例如穿鬆垮運動服練瑜伽，倒立瞬間衣服完全遮住臉或是大腿全都露。

▲ 圖 2-33 籃球衣 　　▲ 圖 2-34 網球衣

▲ 圖 2-36 慢跑服 　　▲ 圖 2-37 瑜珈服飾

2. 選擇適合自己身材的運動服款式，可以掩飾體型的缺點。

3. 運動服材質首重輕薄、柔軟舒適、透氣、散熱、排汗、吸汗、易洗快乾的功能，另外伸縮性佳、彈性佳、不易皺和耐穿也是運動服應該具備的要件，這樣的運動服才能讓你真正享受運動。

▶ 圖 2-35 羽毛球衣

4. 在不同季節對運動服的要求也略有不同，如夏天氣溫高，運動時人體本身會流很多汗，會消耗很多熱量，所以運動服要輕、薄、舒爽、能散熱，且要有很好的透氣性，吸濕排汗的效果也要好，即使流汗也能快速吸收快速蒸發，讓身體較為乾爽。而冬季氣溫比較低，運動時最好選擇一些可以有效保暖的運動服，使肌膚感覺柔軟舒適（圖 2-38、圖 2-39）。

總之，選購運動服必須以合身或寬鬆、輕便以及功能性為最主要的考量，穿上適合的運動服，才能安心且自在的享受運動的樂趣，也才不會造成運動傷害。

▲ 圖 2-38 夏天穿吸濕排汗衫跑步　　▲ 圖 2-39 冬天穿保暖透氣運動衣跑步

選購泳衣

1. 如何選擇男士泳褲

游泳是一項非常好的運動（圖 2-40），深受大家喜愛，泳衣是專門為功能及需求設計的，應該如何選擇合適的泳衣？選擇何種款式與材質的泳衣呢？

以下提供你幾點建議：

（1）若你不常游泳，每週不到一次，那麼穿著舒適的泳衣就可以了，這種舒適款泳裝的材質為尼龍與彈性纖維混紡，較不適合太頻繁的游泳訓練。款式可以選擇以舒適設計為主的平口泳褲或寬鬆泳褲（圖 2-41、圖 2-42）。提醒你，有些泳池可能會禁止你穿著寬鬆泳褲！

▼ 圖 2-40 游泳是非常好的運動

（2）若你常游泳且游泳時需要更高的支撐性與靈活性，可選擇耐氯性良好的高抗氯材質泳褲。至於款式，選擇能讓你靈活運動的剪裁，例如三角泳褲、平口泳褲或中長版泳褲都很適合（圖 2-43、圖 2-44）。由於高抗氯材質是 100% 的聚酯纖維，彈性不如一般尼龍材質好，所以建議你試穿過後再決定購買與否。

（3）若你有加快泳速上的需求，可選擇能協助你達到目標的高階泳褲（圖 2-45）。特殊的設計可促進肌肉收縮、肌肉恢復及符合流體動力學，此款泳褲非常適合進行密集或高強度訓練。泳褲材質是高抗氯的 100% 聚酯纖維，高抗氯材質重複使用後不易劣化，可維持每次穿著時的最佳舒適度。

▲ 圖 2-41 平口泳褲

▲ 圖 2-42 寬鬆泳褲

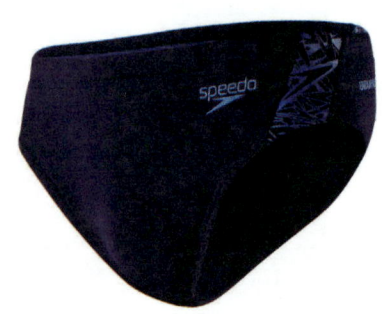

▲ 圖 2-43 三角泳褲

▲ 圖 2-44 中長版泳褲

▲ 圖 2-45 進階款泳褲

2. 如何選擇女士泳衣

以下幾點建議幫助妳依據需求選對泳衣：

（1）若妳只是偶爾去游泳，每週不到一次，那麼應該以舒適為主要考量。

建議選購 Y 型、V 型、X 型或 U 型背部設計的泳衣，Y 型及 V 型背部設計可提供足夠的支撐性，有單件式、也有兩件式的，可依個人喜好選購（圖 2-46、圖 2-47）。X 型背部設計適用於各種體型（圖 2-48）。U 型背部設計則很有女性韻味，且非常易於穿脫（圖 2-49）。

▲ 圖 2-46　Y 型背部設計泳衣　　　　　　▲ 圖 2-47　V 型背部設計泳衣

▲ 圖 2-48　X 型背部設計泳衣　　　　　　▲ 圖 2-49　U 型背部設計泳衣

（2）若妳經常游泳，那麼抗氯材質泳衣就很適合妳。建議選擇 O 型背部設計，可提供最大的活動伸展性（圖 2-50）。

（3）若妳追求更高的自由度及靈活度，那麼開背設計泳衣就比較適合妳（圖 2-51）。該款式的泳衣也是使用可頻繁浸泡於氯水中不易劣化的高抗氯材質，材質及款式設計皆適合較高強度的游泳練習。

▲ 圖 2-50　O 型背部設計泳衣　　　　　　▲ 圖 2-51　開背設計泳衣

三 選購登山衣

在登山健行的過程中，身體如何保暖以及保持乾爽呢？以下教你三層式（洋蔥式）穿衣技巧：

1. 第一層（最內層）：排汗、透氣

第一層衣服的選擇往往是大家容易忽略的，其實第一層**貼身衣服**應具有吸濕排汗功能，確保汗水能有效從皮膚揮發到其他層，進而讓身體保持乾爽舒適。因此，這層衣服需要選擇具有吸濕效果強、快乾、材質輕柔、耐用，經特殊處裡具有阻絕異味的透氣布料，一般是由聚酯纖維編織而成（圖 2-52）。

▲ 圖 2-52 排汗透氣衣

2. 第二層：保暖

為了保持溫暖，我們需要第二層發揮隔絕寒冷的作用。這就是**毛衣、絨布外套**所扮演的角色（圖 2-53、圖 2-54）。**羽絨外套**則建議在小休息或在山屋時拿出來穿（圖 2-55），避免行進間流汗造成羽絨外套濕透。

第二層的衣服選擇可依照活動的強度來進行調整。比方說在攀登的過程中你如果懶得脫去絨布外套，你反而會流更多汗，即使你在第一層穿著很透氣的衣服也無法避免全身溼透，這種情況下，建議你可以選擇具有透氣拉鍊設計的衣款（透過頸部與腋下通風）來幫助你調節體溫。

▲ 圖 2-53 毛衣　　▲ 圖 2-54 絨布外套　　▲ 圖 2-55 羽絨外套

3. 第三層：防風、防水

第三層則考量**防風、防水**的性能（圖 2-56），以保護自己不受外在因素的影響。我們將天候因素如風或雨列為首要的考量，也不排除任何可能造成傷害的其它天然因素，比如荊棘等所造成的傷害，第三層也應具有透氣、透濕、耐穿等功能。

▲ 圖 2-56 防風、防水外套

現今的科技可讓衣服具備多重功能：比如說一件同時具備第二與第三層機能的調節式上衣，或者一件兼具透氣與保暖功能的機能 T 恤。同樣的，一件在冬天用於第二層的衣服，可以供夏天時穿著，以發揮第一、二層的功能，這就看你如何穿搭，在兼具保暖與輕巧的原則下，找出最適合你的組合。

最後，也別忘了褲裝，你可以在夏天選擇具有調節性能的褲款，冬天則可內搭緊身褲結合防水性能的褲款，以及穿著保暖透氣的襪子來替你的腿部、足部做好防護。為因應嚴寒氣候，也可考慮搭配手套跟毛帽等。

2-4 如何穿出品味和風格

要讓自己的儀表出眾，得體的穿著打扮是必要的，而穿著也反映出一個人的風格、品味和審美觀，而如何讓自己的穿著有品味和風格，以塑造和提升自我形象，使自己更有自信，在人際互動和許多場合中讓別人對你有良好的印象，絕對是非常重要的。以下幾點建議教你穿出品味和風格：

▲ 圖 2-57 手拿課本、肩背著背包的女學生　　▲ 圖 2-58 手拿課本、肩背著背包的男學生

1. 確認自己是誰：專家或是流行雜誌上推薦的服裝並不一定適合每一個人，所以選擇衣服時，首先要認真思考和認清自己的年齡、個性、角色（學生、上班族或其他）、身材、膚色和外型，然後再去選擇可以掩飾缺點和強化優點、特色的衣服。

2. 確認自己希望在眾人面前展現出什麼形象，再依據該形象選擇適合的服裝款式和裝扮。通常每個人都希望自己呈現在別人面前的是積極和正面的個人形象，例如自信、有能力、有效率、專業、可信賴的、親切、真誠、整潔等。而學生則應塑造清純、善良、可愛、整潔以及學養好的形象。

3. 考慮要出席的場合和時間以決定穿著正式或休閒服飾？

4. 注意衣著不過時和不退流行。

5. 注意儀容和儀態：要讓人覺得你的穿著有品味和風格，儀容和儀態也非常重要。

    （1）**儀容**—包含化妝美容與髮型，可經由專業學習和諮詢，找出適合自己臉型、角色的彩妝色彩和髮型。

▲ 圖 2-59　圍著圍巾的男學生 　　　　▲ 圖 2-60　戴眼鏡和毛線帽的少女

(2) **儀態**—要讓衣服穿在身上看起來好看，平常就要花點時間訓練自己的身體姿態，換言之，無論是站立、行走或蹲坐時，都要保持抬頭挺胸，並注意手臂擺動和放置的姿勢。而臉部也要隨時保持微笑，並注意與人目光接觸時的眼神，宜保持親切、自然、迴然有神，避免讓人感覺鄙視他人或雙目無神。

6. 搭配合適的絲襪、絲巾、鞋子、手提包、背包、帽子和眼鏡等（圖 2-57、圖 2-58、圖 2-59、圖 2-60、圖 2-61、圖 2-62）。

▲ 圖 2-61　穿著牛仔背帶褲、戴眼鏡、手拎著手提包的少女 　　　　▲ 圖 2-62　圍著絲巾、提著手提包的美少女

▲ 圖 2-63 佩戴項鍊、眼鏡的少女

7. 配戴適宜的飾品,例如質感好的別針、項鍊、手環等首飾都很容易凸顯出穿著者的個人風格和品味(圖 2-63、圖 2-64、圖 2-65、圖 2-66)。

▲ 圖 2-64 戴著手環的女孩

▲ 圖 2-65 戴著項鍊的小女孩

▲ 圖 2-66 戴著項鍊和手環的男士

8. 審美能力可透過學習、實際體驗以及與身邊穿衣品味高的人多交往等方式來逐漸提昇。以下幾點建議幫助你提昇審美能力：

   （1）閱讀時尚雜誌

   　　多閱讀一些有關穿衣打扮的時尚雜誌（圖 2-67），吸收服裝相關的專業知識，如服裝的款式、色彩、材質等，也可以看看別人如何搭配衣服？為什麼那樣搭配？你會發現，久而久之，自己也會一些簡單的搭配了。

   ▲ 圖 2-67　時尚雜誌

   （2）逛逛百貨公司和商場

   　　有空的時候不妨到百貨公司和商場逛逛，多試穿，以了解自己穿哪一類型的衣服好看，慢慢培養自己的穿衣風格（圖 2-68）。

   （3）多跟身邊穿衣品味高的人請益

   　　多留意、多請教穿衣品味高的人如何搭配衣服，也可多跟她們逛逛街買買衣服，真的會對自己穿著品味有所幫助（圖 2-69、圖 2-70）。

   ▲ 圖 2-68　服飾店

   （4）學習色彩搭配

   　　學習色彩搭配絕對是提昇穿衣品味的一大步。

▲ 圖 2-69　多跟衣著品味高的朋友請益

▲ 圖 2-70　跟朋友逛街買衣服

2-5 洗淨衣服的清潔劑

洗淨衣服的清潔劑一般分為肥皂、合成洗衣劑和乾洗洗衣劑。

1. 肥皂

肥皂是由動植物油與氫氧化鈉溶液混合加熱而製得，是固體的（圖 2-71）。如由動植物油與氫氧化鉀溶液混合加熱而製得的則為**液體肥皂**（圖 2-72）。在硬水（含鈣、鎂等的水）中使用肥皂會產生鈣、鎂和鐵的沉澱，除了降低洗淨力，同時也會造成環境汙染，所以在硬水中不適合使用肥皂洗滌衣服。

▲ 圖 2-71 肥皂

2. 合成洗衣劑

（1）合成洗衣劑的產品型態

合成洗衣劑常見的產品型態有洗衣粉、洗衣精、冷洗精、凝膠（露）及凝膠球等（圖 2-73、圖 2-74、圖 2-75、圖 2-76、圖 2-77、圖 2-78、圖 2-79）。

▲ 圖 2-72 液體肥皂 　　▲ 圖 2-73 濃縮洗衣粉 　　▲ 圖 2-74 洗衣精 　　▲ 圖 2-75 濃縮洗衣精

▲ 圖 2-76 冷洗精 　　▲ 圖 2-77 洗衣凝露 　　▲ 圖 2-78 衣物去漬凝膠 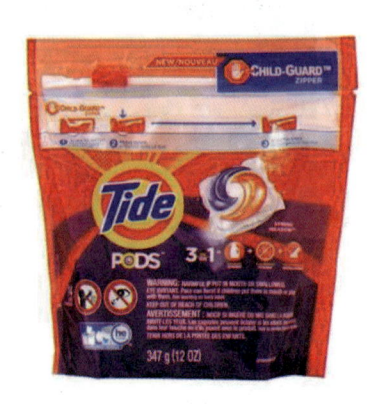　　▲ 圖 2-79 洗衣凝膠球

（2）合成洗衣劑的種類

洗衣劑種類不同，洗淨力也不相同，為了不傷衣服，從今天起就試著區分種類並正確地使用洗衣劑吧！洗衣劑的種類依功能可分為下列幾種：

① 強洗淨力的弱鹼性洗衣劑：

弱鹼性的洗衣劑一般都是洗衣粉，洗衣粉洗淨力強，還可以用來清洗棉質及聚酯纖維等衣服，因此受到一般家庭主婦的喜愛。

強洗淨力的洗衣粉，在水溫較低時容易因為溶解不完全而殘留在衣服上，而使衣服褪色，因此最近有不少人改用洗衣精，不過若要處理頑固髒汙，還是以洗衣粉的效果最好。夏天可以使用洗衣粉來去除衣服上的皮脂、汗垢與異味，而冬天就改用洗衣精來溶解並徹底清洗髒汙。

② 不傷衣物的中性洗衣劑：

中性洗衣劑一般都是洗衣精，洗淨力雖然較洗衣粉略差，但是與弱鹼性洗衣劑相較起來對肌膚更為溫和，也不容易導致衣服褪色。

雖說是中性，廠商還是會藉由添加其他成分來提升洗淨力，因此對於洗衣精的清潔效果不必過於擔心，再加上它是液體狀態不必多次沖洗就能洗淨不殘留，不但能節省水費，更可說是具有環保概念的洗衣劑。

③ 成分濃縮的洗衣凝膠球：

所謂**凝膠球**，就是將洗衣精濃縮成凝膠球狀（圖 2-80），是目前最新的一種洗衣劑，只要在每次洗衣時放入一顆就能洗淨衣服，不必每次計算使用量。不過如果洗滌的衣服量偏少時就沒有辦法調整用量，另外天氣炎熱或濕氣重的地方也可能導致凝膠球融化，保存上就沒有其他洗衣劑來得簡單。但因為使用方便，加上濃縮成分能夠有效地去除泥巴等頑固髒汙，因此特別受到有小朋友的家庭喜愛。

▲ 圖 2-80 洗衣凝膠球

④ 高級衣服專用洗衣劑：

　　市面上也有許多專門針對針織或毛線等纖細衣服使用的洗衣劑，讓原本該送洗的衣服在家裡就可以自己洗。

　　這類的洗衣劑通常洗淨力不高，因此若是衣服上有很明顯的髒汙、遇到換季需要長時間收納，或是在意清洗後衣服會縮水的，建議還是交給乾洗店處理。但若只是平常穿著後的一般洗滌，使用高級衣服專用洗衣劑就可以在家清洗。

⑤ 局部去汙專用洗衣劑：

　　在洗衣前可以利用針對領口、袖口等局部專用的洗衣劑來加強去汙，這類商品多為具有高黏度的**棒狀凝膠**，最近也有不少**噴霧型商品**，這類洗衣劑最大的特點就是具有強的洗淨力。

　　洗衣前只要將洗衣劑塗抹在髒汙處，就能除去皮脂、汙垢或是頑固泥漬，對於去除血漬或是用餐時不慎造成的醬料、油漬也十分有效。

（3）**合成洗衣劑的成分**

　　一般合成洗衣劑含的成分如下：

① 界面活性劑：

　　合成清潔劑中主要的成分是**界面活性劑**，界面活性劑的作用是去汙，合成清潔劑的去汙作用與肥皂相似，但去汙能力比肥皂佳。合成清潔劑在硬水中不會產生鈣、鎂和鐵的沉澱，而且仍具有去汙作用。

▲ 圖 2-81 漂白劑可漂白衣服

② 漂白劑：

有些合成洗衣劑中含有**漂白劑**，漂白劑能夠清除一般洗衣劑難以去除的汙漬，同時也有殺菌作用（圖 2-81）。換言之，除了漂白以外，還能消除衣物上的異味，並且具有防止洗衣槽發霉的功效。

③ 酵素：

使用在洗衣劑當中的**酵素**主要有蛋白質、脂肪、澱粉及纖維分解酵素。它可以深入纖維並帶走皮脂、汙垢、血漬或是醬料、油漬等頑固髒汙。

酵素最能發揮作用的溫度約為 37 度左右，因此建議將衣服先浸泡在含洗衣劑的溫水中約 30 分～ 1 小時，接著再洗滌衣服，效果會更加顯著。

④ 螢光劑：

除了漂白劑以外，**螢光劑**也可以讓衣服變得更加亮白（圖 2-82）。螢光劑會在洗滌過程中被除去，但使用含螢光劑的洗衣劑，有可能在衣服清洗後發生與原本色澤不同的狀況，另外若使用在粉彩色系的衣服時，也可能讓衣服看起來像褪色一樣，使用上要多加注意，現在市面上都為不含螢光劑的洗衣劑。

▲ 圖 2-82 螢光劑可以使衣服變得更加亮白

⑤ 柔軟精：

　　有些合成洗衣劑中含有柔軟精，柔軟精透過清洗能讓衣服變得柔軟而大受歡迎，不過，也有不少人是因為喜歡使用後的芬芳香氣而購買衣服柔軟精。柔軟精原本的主要功能是讓衣服變得柔軟，使衣服和肌膚的觸感變得更加舒適，還能預防討厭的靜電產生。但是像這類含柔軟精的洗衣劑，因為在洗衣後還需要以清水清洗，會略為降低柔軟精的效果。

3. 漂白水和柔軟精

　　有些合成洗衣劑中不含漂白劑和柔軟精，所以消費者為了漂白衣服和使衣服柔軟，會另外購買漂白水和柔軟精，使用時應注意以下事項：

（1）漂白水

　　漂白水的種類，現在市面上漂白水分為兩大類：氧系漂白水和氯系漂白水，這兩類漂白水不可混合使用。

① 氧系漂白水：氧系漂白水含**過氧化氫**（圖 2-83），比較溫和，適用於白色、花色衣服。但有金屬製品（如金屬皮帶釦、鈕釦等）的衣服不適合使用，因為金屬容易生鏽。

② 氯系漂白水：氯系漂白水含**次氯酸鈉**（圖 2-84），氧化能力強，有漂白、殺菌、消毒、除臭的效果，建議用於淺色衣物。

▲ 圖 2-83　氧系漂白水　　　　▲ 圖 2-84　氯系漂白水

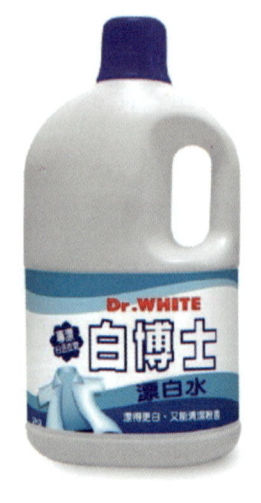

漂白水的正確使用法：

① 先以稀釋過的漂白水滴於衣服不顯眼處，5 分鐘後沒褪色，則可安心使用。

② 浸泡時間要掌握：漂白整件衣物或汙漬顏色較重時，浸泡 10 分鐘左右即可，泡太久反而會讓纖維變得容易斷裂。另外，深色汙漬很難一次清除，多漂幾次才會漸漸淡去。

③ 滴到茶漬之類的小區域汙漬，不用整件漂白，以棉花棒蘸稀釋過的漂白水塗抹汙漬處，塗完後應可漂白，漂白後再以正常洗衣程序處理。

④ 漂白過的衣服可與其他衣服一樣，放入洗衣機中依照一般程序清洗。

（2）柔軟精

柔軟精的效用是讓衣服達到蓬鬆、柔軟，摸起來變得柔滑細緻（圖 2-85）。市面上的柔軟精一般都含香料，也有為了讓香味持久而加入膠囊狀香料，消費者可依自己喜歡的香味做選購。

柔軟精的正確使用法：

① 洗衣機洗時：當洗衣機運作到最後一次清水清洗時，將柔軟精加入洗衣槽中。現在很多新式單槽洗衣機有柔軟精自動注入口的設計，只要在洗衣前倒入該凹槽即可，不必特別注意洗衣流程。

② 手洗時：手洗時同樣先將衣服清洗乾淨，另裝清水加入柔軟精，攪拌均勻後將衣服浸泡於其中約 3 分鐘後拿起來即可，無需再用清水沖洗。

▲ 圖 2-85 濃縮柔軟精

4. 乾洗洗衣劑

乾洗洗衣劑是一些能溶解油脂且能去汙的揮發性有機溶劑，利用乾洗洗衣劑洗衣的過程叫做乾洗。

2-6 慎選洗衣劑

洗衣劑是現代人日常生活的必需品，主要由界面活性劑、漂白劑和洗滌助劑等組成。界面活性劑的作用是降低水的表面張力，去除衣服上的汙漬，當界面活性劑含量愈高，去汙效果愈好。市面上各廠牌洗衣劑之界面活性劑含量差異頗大，消費者應依照包裝上之使用方法及使用濃度來添加。

市售之洗衣劑大部分為鹼性，少部分為中性，鹼性太強之洗衣劑如殘留在衣服上，長時間接觸皮膚，可能會引起皮膚脫脂而產生脫皮現象，甚至造成傷害，選購時應多留意。

磷酸鹽屬於洗滌助劑的一種，其作用是阻止汙垢再沉積，同時有助於提高界面活性劑的去汙能力，然而磷酸鹽含量高之洗衣劑，其廢水排入河川將導致水質優氧化，破壞水中生態平衡，所以應依包裝上標示，選擇「無磷」之洗衣劑（圖 2-86）。

洗衣劑如含有螢光增白劑，當清洗過程不完全時，易殘留於衣服上，穿著時易導致皮膚過敏，所以應依包裝上標示，選擇「無螢光增白劑」之洗衣劑。

洗衣劑如含有壬基苯酚聚乙氧基醇成分，於排入水體後，經分解會產生壬基苯酚，該物質已證實會影響動物的免疫及神經系統，屬於環境荷爾蒙，當進入魚類體內，再透過生物鏈進入人體，會影響生殖系統，造成雄體雌性化現象，建議消費者選購時應多留意。

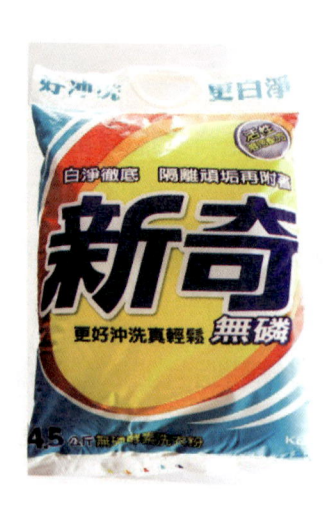

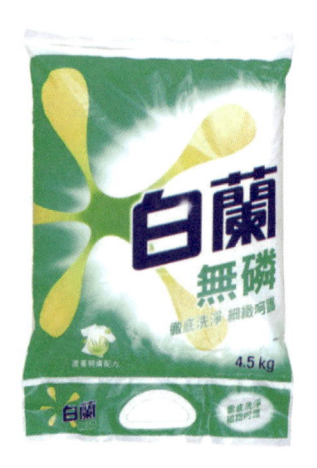

▲ 圖 2-86 市售的無磷洗衣粉品牌很多

學習評量

一、請在空格處填入適當內容

1. 天然纖維的種類

名　　稱	種　　類	主　要　成　份
植物纖維	①	纖維素
	麻	②
動物纖維	毛	蛋白質
	③	④

2. 合成洗衣劑中主要的成分是⑤_____劑。

二、簡答題

1. 抗靜電纖維通常是在纖維製造過程中加入哪一類的特定物質？

2. 冬天登山健行時應如何分層穿衣？

3. 漂白水可分為哪兩大類？

三、學後心得

1. 你穿衣講究嗎？出門前會不會對著鏡子刻意打扮？

筆記欄 MEMO

Chapter 3 化妝品與化學

從古至今，人們都一直在積極追求美，期盼藉由化妝品來清潔、保養肌膚和頭髮，使外表更美麗動人、這也是化妝品產業能蓬勃發展的原因。本章分別介紹清潔、保養、彩妝、美髮、芳香和特殊作用的化妝品，幫助你更進一步的瞭解化妝品，且更正確的選用化妝品。

3-1　化妝品的定義與分類

3-2　清潔用化妝品

3-3　護膚保養化妝品

3-4　彩妝化妝品

3-5　頭髮化妝品

3-6　芳香化妝品

3-7　特殊作用化妝品

學習評量

3-1 化妝品的定義與分類

一、化妝品的定義

化妝品是指以塗抹、噴灑或其他方法,使用在人體表面(如皮膚、毛髮、指甲、口唇)以清潔、護膚、修飾容貌、消除不良氣味、增加魅力為目的的產品(圖 3-1)。

二、化妝品的分類

一般化妝品依性質、用途和功能大分為以下六大類:

1. 清潔用化妝品

清潔用化妝品包含沐浴用品及臉部、手部、口腔清潔用品,如沐浴乳、洗面乳、洗手乳和牙膏等。

▲ 圖 3-1(a) 琳瑯滿目的化妝品

2. 護膚保養化妝品

護膚保養化妝品主要是補充皮膚營養,使皮膚中的水分和油脂保持平衡,使皮膚的新陳代謝正常,這樣子皮膚看起來就會柔潤光滑、健康有活力,如化妝水、乳液、精華液和面膜等。

3. 彩妝化妝品

▲ 圖 3-1(b) 琳瑯滿目的化妝品

彩妝化妝品是用來修飾唇部、臉部、眼部和指甲,以達美化容貌為目的,如唇膏、粉餅、眼影和指甲油等。

4. 頭髮化妝品

頭髮化妝品是用來清潔、保養和修飾頭髮,使頭髮具光澤、柔順好梳理,且可塑造漂亮的髮型。如洗髮乳、潤髮乳、髮霜和染髮劑等。

5. 芬香化妝品

芬香化妝品是帶有香味的物質,噴、擦或塗抹在身上,會讓身體散發持久且悅人的氣味,如香水、香膏、香粉等。

6. 特殊作用化妝品

特殊作用化妝品是用於預防或改善皮膚問題,即具有防曬、止汗、抗皺、美白或治療青春痘等功能,如防曬乳、止汗除臭劑、美白霜和面皰霜等。

3-2 清潔用化妝品

皮膚的清潔非常重要，透過清潔用化妝品除可清除油垢、汗液和老化角質外，亦可清除彩妝化妝品和卸妝後殘留的卸妝產品，這樣才可以使皮膚的皮脂腺和汗腺保持通暢，避免細菌感染而導致粉刺等皮膚病症，所以皮膚的清潔是皮膚照護的首要工作，另外口腔的清潔也是非常重要的。

清潔用化妝品依使用部位不同可區分為沐浴用品、臉部、手部和口腔清潔用品。

▲ 圖 3-2 沐浴讓人放鬆

一、沐浴清潔用品

沐浴清潔用品可大分為肥皂、沐浴乳、泡泡浴膠和浴鹽等四類（圖 3-2）：

1. 肥皂

肥皂是我們日常生活的必需品，近年來大家重視品味、草本無毒和環保，所以各類型的高級肥皂、天然精油皂和手工皂等很受歡迎。以下介紹幾種不同類型的肥皂：

（1）傳統肥皂

利用動植物油脂和強鹼高溫作用（皂化反應）得到的脂肪酸鹽，稱為**皂基**，將皂基純化，再加入香料、色料和機能性添加劑後，壓鑄成型，即為市售的傳統肥皂（圖 3-3）。

▲ 圖 3-3 傳統肥皂

傳統肥皂物美價廉，但水溶液偏鹼性，清潔效果雖較好，但對皮膚的刺激也較大。另外在硬水中清潔和起泡能力不佳，也是它的缺點。

（2）嬰兒皂

▲ 圖 3-4 嬰兒皂

嬰兒的皮膚稚嫩，所以嬰兒皂對皂基純度的要求特別嚴格，即產品中不得殘留鹼，產品必須是中性或弱酸性，且大都會添加一些**滋潤和護膚成分**，並減少香料和色料的使用量（圖 3-4）。換句話說，嬰兒皂標榜的是溫和無刺激性，因此也吸引不少大人選用，尤其是乾燥、敏感膚質者。

（3）乳霜皂

乳霜皂是在皂基中添加一些物質，以提高對皮膚的**滋潤性**，減少使用後的乾澀感，另外也會增加泡沫的細緻度，同時降低對皮膚的刺激，但相對的，乳霜皂的清潔和起泡效果較差，較不適合油性膚質的人使用（圖3-5）。為了使乳霜皂看起來很雪白，廠商通常會在其中加入**增白劑**。

▲ 圖3-5 乳霜皂

（4）手工皂

利用植物性油脂和強鹼低溫作用得到的皂基，在這種皂基中添加香料、色料和精油等，製作過程都是**手工**的，這就是手工皂（圖3-6）。手工皂因使用的植物性油脂種類之不同，軟硬度也不同；因使用的強鹼是氫氧化鉀或氫氧化鈉，軟硬度也不同，鉀皂比鈉皂軟。手工皂中含有甘油，具有保濕效果，洗後不乾澀，另外因有**精油**的芬芳香味，也因此較傳統肥皂更受大眾歡迎。

但要特別注意的是：手工皂如皂化不完全或鹼度過高，會造成皮膚清潔過度和導致角質溶解，而使肌膚受到傷害，所以購買時要選擇有品牌的產品。

▲ 圖3-6 手工皂

（5）透明皂

透明皂是在皂基中添加**透明劑**，所以產品看起來晶瑩剔透（圖3-7）。透明皂跟一般肥皂比起來較軟且起泡能力較差，又不適用於硬水。因製造過程使用酒精，因此如酒精殘留過多，會刺激皮膚，另外要注意的是透明皂很容易吸收水分而變軟，使用時應儘量保持乾燥。

資生堂蜂蜜香皂是最典型的透明皂，至今仍深受女性消費者的喜愛。

▲ 圖3-7 透明皂

（6）浮水皂

浮水皂是皂基在冷卻析出的過程中，高速攪拌同時**打入大量的冷空氣**，由於空氣佔據了大部分的皂體，使得整個肥皂的比重降低，這種肥皂的比重小於水的比重，因此放在水中會浮起來（圖3-8）。

▲ 圖3-8 浮水皂

（7）藥皂

藥皂以預防或減緩皮膚疾病為目的，所以具有抑菌、除臭、消毒殺菌等功用（圖 3-9）。最常見的為醫事人員使用的消毒殺菌用藥皂，另外還有止癢抗過敏、預防皮膚乾裂、減緩面皰及皮膚汗斑等症狀專用的藥皂，購買時應針對需求做選擇。

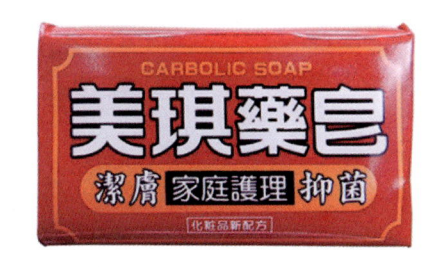

▲ 圖 3-9 藥皂

2. 沐浴乳

洗澡可分為淋浴和盆浴兩種，淋浴用的沐浴乳除了清潔皮膚之外，通常也具有保濕、潤膚、美白等功能，而盆浴用的泡泡浴膠和浴鹽除了清潔作用，也有舒緩身心的效果（圖 3-10）。

沐浴乳依其中所含成分之不同，可分為三類（圖 3-11）：

▲ 圖 3-10 盆浴可舒緩身心

（1）全皂型沐浴乳

全皂型沐浴乳的成分與傳統液態肥皂相同，溶液呈鹼性，洗淨力強，也可軟化角質，但較會刺激皮膚，使用後易使皮膚乾澀，又不適用於硬水。全皂型沐浴乳外觀通常為不透明或半透明乳膠狀，為了增加黏稠度和起泡效果，廠商通常會添加黏稠劑和起泡劑等。

（2）非皂型沐浴乳

非皂型沐浴乳是將各種不同的界面活性劑以不同的比例調製成各種清潔力不同的沐浴乳，消費者可根據自己的膚質做選擇。這類的沐浴乳通常呈弱酸性，較不刺激皮膚又具有洗淨能力，可在硬水中使用，但使用後有滑滑沒沖洗乾淨的感覺。非皂型沐浴乳外觀通常為透明乳膠狀，為了增加起泡效果和泡沫穩定性，廠商通常會添加起泡劑和泡沫穩定劑等。

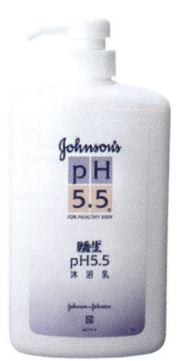

▲ 圖 3-11 沐浴乳品牌眾多

（3）半皂型沐浴乳

半皂型沐浴乳是由全皂型沐浴乳和非皂型沐浴乳依不同比例調製而成，這類的沐浴乳改善了全皂型和非皂型沐浴乳的缺點，洗淨後皮膚較不乾澀，且不會有滑滑沒沖洗乾淨的感覺。廠商在半皂型沐浴乳中添加潤膚劑、保濕劑和美白劑等，使得沐浴乳具有許多功能，也適用於不同膚質的消費者，所以產品深受大眾歡迎。有一種添加珠光劑的沐浴乳，會發出類似珍珠的光澤，這純粹是讓你感官愉悅，實際上並沒有特殊潤膚、增加皮膚光澤的功效。

3. 泡泡浴膠

泡泡浴膠溶於水中會產生大量、綿密和持久的泡沫，因盆浴時泡泡浴膠會長時間接觸皮膚，所以泡泡浴膠成分較溫和，而為了起泡效果佳且維持大量的泡泡，通常廠商會在其中添加起泡劑和泡沫穩定劑，另外也會添加保濕劑、芳香精油和色料等，讓消費者身心愉悅。產品有粉末狀、液狀和固狀等不同型態（圖 3-12、圖 3-13）。

4. 浴鹽

盆浴用的浴鹽為微細的磨砂粒子，可塗抹於肌膚上並經由持續搓揉按摩，可以去除老化角質，主要成分為氯化鈉、氯化鉀等鹽類（圖 3-14），浴鹽本身有刺激性，有傷口時不宜使用。浴鹽中通常會加入芳香精油、抗菌劑和色素等，讓人浸泡時神清氣爽，又可舒緩緊張情緒，且具抗菌功能。如要具有洗淨功能，則需加入界面活性劑，這類浴鹽浸泡過久容易刺激皮膚，使用時應特別小心。

▲ 圖 3-12　液態泡泡浴膠

▲ 圖 3-13　固態泡泡浴球

▲ 圖 3-14　浴鹽

◁ 圖 3-16 使用卸妝棉卸妝

▲ 圖 3-15 卸妝乳　▲ 圖 3-17 洗面乳

臉部清潔用品

臉部清潔用品可大分為卸妝和洗臉用品兩大類：

1. 卸妝用品

臉部的油垢或彩妝必須先以卸妝用品去除，再以洗面乳或洗面皂清洗，這是清潔臉部的正確步驟。

卸妝用品依照使用方式和使用目的之不同，其所含成分也不同。卸妝用品可分為卸妝油、卸妝乳霜、卸妝乳、卸妝液、含卸妝液的卸妝棉等產品型態（圖 3-15、圖 3-16），一般而言，卸妝油和卸妝乳霜較適用於濃妝的清除；卸妝乳較適用於淡妝的清除；卸妝液則用於局部卸妝。

2. 洗臉用品

（1）洗面乳

洗面乳與沐浴乳相同，因成分之不同可分為三類，全皂、非皂和半皂型洗面乳（圖 3-17）。

全皂型洗面乳較刺激皮膚，又不適用於硬水（現已加入藥劑改善），但因洗淨力強，洗完臉後讓人有完全洗淨的感覺，所以仍受部分消費者的喜愛。

目前市面上大都為非皂型洗面乳，除了清潔主成分為界面活性劑之外，其中又添加了美白劑、保濕劑、潤膚劑、磨砂劑和植物萃取液等，並將溶液調成弱酸性，使其對皮膚的刺激降低又具有洗淨力，且能產生豐富柔細的泡沫。

（2）洗面皂

洗面皂分為全皂和非皂型。全皂型洗面皂類似前面介紹過的全皂型沐浴用肥皂，溶液呈鹼性，洗淨力佳但對皮膚刺激較大，洗臉時應選用適合自己膚質的洗面皂。非皂型洗面皂溶液呈弱酸性，對皮膚刺激較小，適用於各種膚質的消費者。

三 手部清潔用品

勤洗手除可維持手部衛生，也可預防感染各種病毒。手部清潔用品可分為洗手乳和洗手肥皂兩種類型。

1. 洗手乳

洗手乳可分為全皂、非皂和半皂型三類（圖 3-18），配方與沐浴乳相似，但通常會添加抗菌劑。市面上常見的乾洗手乳本身不含清潔成分，由 70～75% 酒精和膠調製而成，主要是藉由 70～75% 酒精來達到最佳的殺菌效果（圖 3-19）。

2. 洗手肥皂

請參考沐浴用肥皂和洗面皂。

▲ 圖 3-18 洗手乳　　　　▲ 圖 3-19 乾洗手乳

四 口腔清潔用品

口腔清潔用品主要用來清潔牙齒汙垢，預防蛀牙和牙周病，美白牙齒和防止口臭等。常見的用品有以下幾種：

1. 牙膏

牙膏主要成分為**研磨劑**、**保濕劑**、**黏結劑**、**香味劑**、**甜味劑**和**防腐劑**等（圖 3-20）。

2. 牙粉

牙粉大約含 95% 的**研磨劑**，可摩擦除去牙齒上的汙垢，因為是粉劑，所以使用起來較不方便，牙粉除了不含**保濕劑**，其他成分與牙膏大致相同（圖 3-21）。

3. 漱口水

漱口水主要成分為**酒精**、**助溶劑**、**保濕劑**、**酸鹼調節劑**、**香味劑**和**防腐劑**等（圖 3-22），可殺菌、潔淨口腔，減少牙菌斑生成，降低牙周病發生率，並可保持清新好口氣。

▲ 圖 3-20 牙膏 　　　　▲ 圖 3-21 牙粉 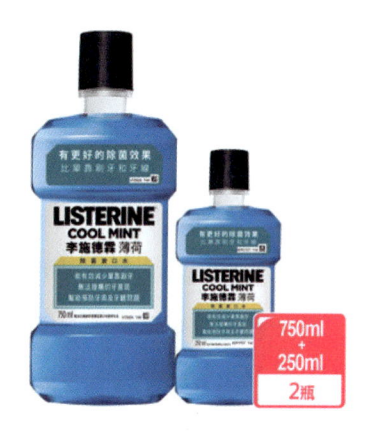　　　　▲ 圖 3-22 漱口水

3-3 護膚保養化妝品

使用護膚保養化妝品的主要目的是維持肌膚水分與油脂的平衡，以確保肌膚能進行正常的新陳代謝，所以清潔完肌膚後，就必須根據自己的膚質選用合適的護膚保養化妝品。

一、護膚保養化妝品的種類

常見的護膚保養化妝品有化妝水、凝膠、面膜、精華液、乳液和乳霜等。

1. 化妝水

化妝水為透明或半透明的液狀化妝品，主要功能：

（1）進一步的清潔肌膚

（2）補充肌膚水分

（3）保持皮膚濕潤和清爽感覺

（4）調整肌膚酸鹼值

（5）收斂毛孔

（6）有抑菌作用

化妝水的成分有溶解劑、純水、酒精、保濕劑、柔膚劑、收斂劑、防腐劑和香料等。

市售化妝水依使用目的可分為柔膚化妝水、收斂化妝水和清潔化妝水等（圖 3-23）。

2. 凝膠

凝膠為透明或半透明的膠狀化妝品，主要功能為補充水分和保濕，部分產品有清潔、美白和卸妝的作用。市售凝膠依使用目的可分為保濕凝膠、美白凝膠和去角質凝膠等（圖 3-24）。

▲ 圖 3-23 化妝水

▲ 圖 3-24 保濕凝膠

3. 面膜

面膜的功能：

（1）面膜與皮膚緊密接觸會使臉部角質層的水分含量增加，而使皮膚變得柔嫩，同時也會使皮膚表層溫度升高，促進血液循環，進而增加皮膚表面的吸收作用。

（2）面膜與皮膚緊密接觸會使毛孔張開，再加上面膜本身具有吸收作用，所以更能吸附皮膚表面的汙垢，使皮膚更加乾淨。

市售面膜依使用目的可分為護膚面膜和清潔面膜等（圖 3-25）。

4. 精華液（美容液）

精華液為透明或半透明的黏稠狀液體，精華液最大的特色是含有一種或多種**高濃度的機能性成分**，如保濕、美白、抗老、防曬和消炎等成分。

精華液的成分有**機能性物質**、**溶解劑**、**純水**、**酒精**、**保濕劑**、**柔膚劑**、**收斂劑**、**增稠劑**、**防腐劑**和**香料**等。

市售精華液依使用目的可分為保濕精華液、美白精華液、緊緻精華液和抗老精華液等（圖 3-26、圖 3-27）。

▲ 圖 3-25 使用面膜敷臉　　▲ 圖 3-26 緊緻精華液　　▲ 圖 3-27 抗老精華液

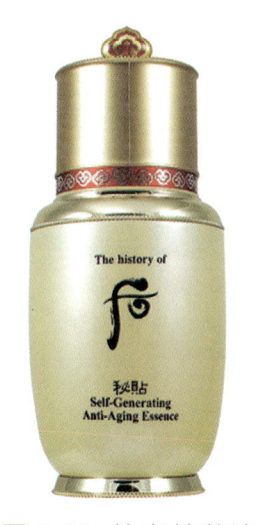

5. 乳液和乳霜

乳液外觀為液態，能有效補充皮膚水分、油分，所以有保濕作用，成分含**油性物質**、**水性物質**和**界面活性劑**等，成分與乳霜非常類似，只是固態油脂的含量較乳霜低，使用起來清爽不油膩。

乳霜外觀為半固體狀，功能與乳液相同，能有效補充皮膚水分、油分，也有保濕作用。

市售乳液和乳霜依使用目的可分為柔膚乳液（霜）、卸妝乳液（霜）、按摩乳液（霜）、防曬乳液（霜）和護手乳液（霜）等（圖 3-28）。

二 使用護膚保養化妝品的程序

在使用清潔用化妝品清潔皮膚後，各類型肌膚使用護膚保養化妝品的程序如表 3-1：

▼ 表 3-1 中性、油性和乾燥肌膚使用護膚保養化妝品之一般程序

肌膚類型	卸妝	洗臉	化妝水	去角質	肌膚按摩	敷臉	精華液	乳液（乳霜）	高效能保養品
中性肌膚	眼唇卸妝液、卸妝乳	洗面乳	保溼	去角質凝膠或果酸類產品、一週一次	按摩霜或按摩凝膠	保濕、滋潤性面膜	具保濕成分或高效能營養成分	保溼	
油性肌膚	眼唇卸妝液、卸妝油	去油洗面乳	柔軟、保濕、收斂	去角質凝膠或果酸類產品、一週二次	按摩霜或按摩凝膠	保濕、清潔性面膜	具保濕成分或高效能營養成分	保溼、清爽型	
乾燥肌膚	眼唇卸妝液、卸妝乳	保濕洗面乳	保溼、滋潤	去角質凝膠或果酸類產品、二週一次	按摩霜或按摩凝膠	保濕、滋潤性面膜	具保濕成分或高效能營養成分	保溼、滋潤型	

▶ 圖 3-28 柔膚乳霜

◀ 圖 3-29 畫眼影

3-4 彩妝化妝品

彩妝化妝品主要功能為改善膚質及膚色、遮蓋臉部瑕疵、美化五官和使臉部輪廓更具立體感等。彩妝化妝品主要成分為粉質原料、油質原料、色料、香料、保濕劑、黏合劑和防腐劑等。

一般將彩妝化妝品分為眼部用、唇用、覆敷用和指甲用四大類：

一、眼部用彩妝品

眼部用彩妝品可以讓眼部更具美感，一般可分為以下四類：

1. 眼影類

眼影類彩妝品用於眼部周圍的化妝，主要作用是要使眼部看起來具有立體感（圖 3-29），眼影類彩妝品有粉末狀、棒狀、膏狀、液狀和筆狀等型態，顏色十分多樣，使用時要注意粉質和色素的細度以及是否對眼睛周圍皮膚造成刺激等問題。

▲ 圖 3-30 畫眼線

2. 眼線類

眼線類彩妝品使用於睫毛根部及上下眼瞼，可加深眼睛輪廓，使眼睛炯炯有神（圖 3-30）。眼線類彩妝品有膏狀、液狀和筆狀等型態，使用時也要注意是否對皮膚造成刺激和引起過敏等問題。

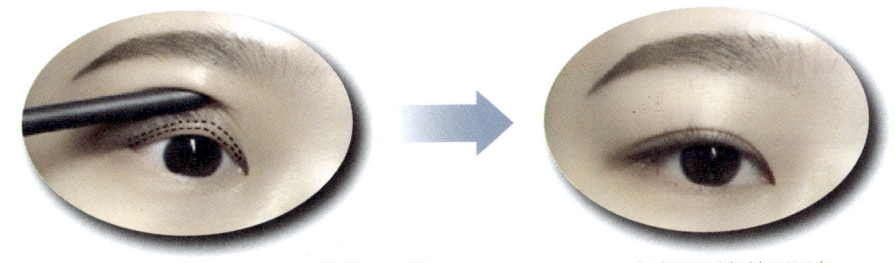

▲ 畫眼線示意圖（先用筆輕輕撐開眼部上方，讓睫毛根部露出，再用眼線筆填滿虛線內的區域）

▲ 畫好眼線的眼睛

3. 眉毛類

眉毛類彩妝品使用於眉毛，可描繪出自己喜歡的眉形（圖 3-31）。眉毛類彩妝品有粉末狀、膏狀和筆狀（有固體、液體兩種）等型態。

4. 睫毛類

睫毛類彩妝品都為膏狀，使用於上下睫毛，可使睫毛看起來更長、更濃密，也可使睫毛有捲翹等效果（圖 3-32），因睫毛膏塗部的位置非常接近眼瞼，所以原料的安全性和刺激性要特別留意。

▲ 圖 3-31　畫眉毛

▲ 圖 3-32　在睫毛上塗睫毛膏

唇用彩妝品

唇用彩妝品除了可美化唇部之外，又具有滋潤及保護唇部的功能。市面上常見的唇用彩妝品有唇膏、唇彩、唇蜜、唇釉等（圖 3-33）。

1. 唇膏

唇膏就是最常見的口紅，一般是固體，質地比唇彩和唇蜜要乾和硬，分為油質唇膏和粉質唇膏兩類（圖 3-34）。唇膏優點為色彩飽和度高，遮蓋唇紋力強，而且由於是固體，一般不容易由於唇紋過深而外溢，用它來修飾唇形、唇色是最合適不過了，所以適合唇色較暗、對唇部色彩要求高的人。缺點為質感不如唇彩和唇蜜，滋潤保濕效果也不好，常會讓人感覺過了1個小時嘴唇就會顯得乾乾的。

▲ 圖 3-33　塗唇用彩妝品可美化唇部

▲ 圖 3-34　唇膏

> **TIPS** 塗唇膏之前必須先塗潤唇膏來讓嘴唇保濕，如果要營造水亮的效果，又想給嘴唇最大限度的修飾，可以先用唇膏描出唇部輪廓，並且打底，然後塗上透明或者相似色系的唇彩或唇蜜以提升亮度。

2. 唇彩

　　唇彩的膏體柔軟而富質感，呈透明粘稠液狀或膏狀（圖 3-35）。主要成分是高度滋潤的油脂和閃光因子，塗起來具水潤光澤，效果介於唇膏和唇蜜中間。優點為相對於唇蜜顏色比較重一些，遮蓋唇紋效果好，色彩比較豐富、顏色清爽，比唇膏滋潤，不易乾燥，看起來少女感十足。缺點為蠟質和色彩顏料少，所以色彩度不如唇膏飽滿，又容易從唇紋裡溢出，進而使嘴唇輪廓變模糊。

　　唇彩適合清新自然的裸妝以及對質地要求高、對顏色要求低的人。

> **TIPS** 質地比較輕薄的唇彩維持時間較短，1、2 個小時就需要補妝，效果是光澤度高。質地比較厚、粘稠一些的唇彩保持時間較久，3、4 個小時補妝一次，效果是亮晶晶的。

3. 唇蜜

　　唇蜜是一種用來修飾唇形唇色的稠密液體，一般來說，顏色都非常淡，視覺效果是晶瑩剔透，一般都用它和唇膏搭配使用，較少單獨使用（圖 3-36）。質地比較粘稠的唇蜜比質地較薄的唇蜜更可顯出亮晶晶的效果。唇蜜優點為塗完可增加亮澤感，適合淡妝、透明妝或者裸妝。缺點為對唇色的遮蓋力和顏色修飾都比較差，容易從唇紋裡溢出，進而使嘴唇輪廓變模糊。單獨使用時基本上只能使唇部有光澤，因此化彩妝時一般不會單獨使用，會與唇膏搭配使用，以營造色彩飽和又柔亮的唇妝。

> **TIPS** 使用唇蜜時，可使用相對應色調的唇膏來改變唇色，以及利用唇彩增加瑩潤感。

▲ 圖 3-35　唇彩

▲ 圖 3-36　唇蜜

4. 唇釉

唇釉等於將唇膏和唇蜜合而為一，效果是最好的，通常是液態的，質地粘稠（圖 3-37）。優點為兼具唇膏的色彩飽和度和唇蜜的閃亮瑩潤，並且可長時間保持鮮艷彩色。缺點為質地比較粘稠，不夠清爽，而且塗不好就很容易糊掉，雖然顏色質地美美的，但是塗起來需要一些技巧。

> **TIPS** 可單獨使用，直接塗於唇部。唇紋較深的人適合用粘稠質地的唇彩和唇釉，因為質地稀薄的很容易將顏色和亮粉聚集到唇紋裡面去，甚至在唇紋處溢出，進而使唇紋更明顯，並會模糊嘴唇的輪廓。

使用唇用彩妝品的原則如下：

（1）應依照膚色挑選唇用彩妝品的顏色，如健康膚色的人應挑選亮橘、鮮橘等的明亮色彩，不僅襯膚色，更能給人活潑有朝氣的印象。至於膚色白皙的人在選色上就比較沒有限制。

（2）對唇色要求很高者，可選擇粉質唇膏，如果覺得乾燥，可以先用唇蜜打底增強濕潤度。

（3）對質地要求高者則應避免使用粉質唇膏。

（4）對唇色和質地要求都很高者，可將粉質唇膏與油質唇膏、唇釉、唇蜜、唇彩混搭使用，混搭還可以營造不同顏色和層次。

（5）對遮瑕要求高者，可選擇油質唇膏或唇彩、唇釉。

5. 護唇膏

護唇膏可以保濕，防止嘴唇乾裂（圖 3-38），一到冬天，很多人都離不開它，目前市面上如 Mentholatum（曼秀雷敦）、DHC、Kiehl's（契爾氏）等品牌的護唇膏都很受歡迎，護唇膏成分上有藥用、無添加、有機等之分，甚至還有抗UV、有各種顏色或香味的產品。

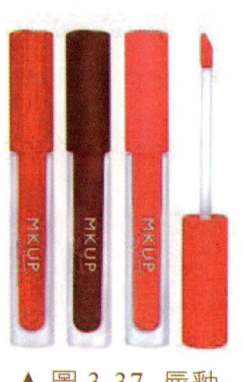

▲ 圖 3-37 唇釉

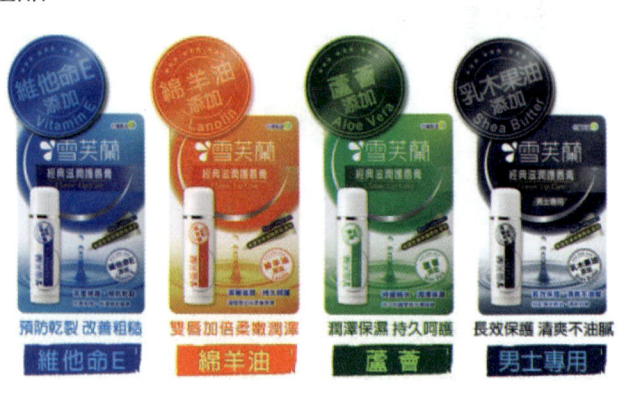

▲ 圖 3-38 護唇膏

三 覆敷用彩妝品

覆敷用彩妝品係指利用粉質原料與色料來創造皮膚滑順感及掩飾臉部瑕疵，以達到修飾容貌，表現臉部立體度與滋潤度的化妝品，良好覆敷用彩妝品應具修飾、遮瑕效果好，自然無負擔之特色。產品具多樣性，不僅融入養護肌膚觀念，更添加多種防水、防護紫外線等概念。

一般是在做完基礎護膚保養（清潔→化妝水→精華液→乳液、乳霜）後，就可循著妝前→底妝→定妝的步驟，選用覆敷用彩妝品來完成底妝。

覆敷用化妝品在市場上常見的種類如下：

1. 妝前用品

妝前用品主要作用為保濕、隔離、防曬及修飾毛孔的作用，妝前用品有不同的顏色，應根據自己皮膚的需求和膚色來選用，妝前用品如隔離霜、飾底乳、防曬乳等。

（1）隔離霜

隔離霜主要是形成肌膚和彩妝之間的保護屏障，如果不使用隔離霜就塗底妝用品，很容易讓底妝用品堵塞毛孔而傷害肌膚，另外隔離霜也有修飾膚色的作用。

（2）飾底乳

飾底乳有修飾膚色、修飾毛孔、平滑肌膚和保濕提亮等不同功效的產品。

（3）防曬乳

不是在烈日下活動，一般宜選擇可以讓底妝自然又防曬效果不錯的防曬乳。

2. 底妝（粉底）用品

底妝可以阻隔灰塵、有效遮蓋臉上的細紋和色斑，以及讓膚色均勻看起來更自然，而現在的底妝用品也有保濕的功能，想要在夏天讓底妝看起來薄透，底妝用品的選擇非常重要，底妝用品如粉底液、粉底（凝）霜、粉底膏、粉餅、BB霜、CC霜等（圖3-39、圖3-40）。

（1）BB霜

BB霜中文意思是修護霜，產品宣傳具遮瑕、調整膚色、護膚、防曬、細緻毛孔等功效，但實際上比較像是較輕透的粉底。

（2）CC霜

CC霜中文意思是色彩調控修容霜，有修飾膚色和美白皮膚的功效，有些人把它歸在妝前用品。

3. 腮紅

腮紅是用來使面頰紅潤，特別是可以讓蒼白臉色顯現出健康的膚色，腮紅產品如粉狀腮紅、氣墊腮紅（由液體腮紅填充）、腮紅（霜）膏等（圖3-41）。

4. 定妝用品

定妝可以提高底妝的服貼度和持久度，油性肌膚的人容易有溶妝和脫妝的情形發生，所以更需要定妝，定妝用品如蜜粉、定妝噴霧等（圖3-42）。

▲ 圖3-39 粉餅 　　▲ 圖3-40 BB霜 　　▲ 圖3-41 擦腮紅 　　▲ 圖3-42 蜜粉

四 指甲用彩妝品

指甲用彩妝品的主要作用為美化手部、保護指甲、增加吸引力及個人魅力，產品種類包括指甲油、指甲油卸除液、指甲用乳（霜）、凝膠美甲等（圖3-43）。

指甲用彩妝品的原料如下：

1. **成膜劑**：使塗抹時能快速成膜，有光澤。
2. **溶劑**：可使指甲油色料均勻分散、快乾，一般都為有機溶劑，現在市面上有一種水性指甲油，使用水當溶劑，所以不必擔心受到有機溶劑的危害，除去指甲油時也不必使用有機溶劑或水，可直接剝除，這種產品提供消費者另一項選擇。

▲ 圖3-43 指甲油

3. **色料**：有很多不同的色料，這種色料一般都含有**重金屬**，選用時應注意重金屬含量。

3-5 頭髮化妝品

頭髮化妝品包含清潔、潤髮、護髮、整髮、染髮及燙髮等製品。

一、洗髮類用品

洗髮類用品的主要作用是去除附著於頭髮的異味、汙垢及頭皮上過多、酸敗的皮脂及汗水。洗髮類用品的主要成分是界面活性劑，另外還添加泡沫安定劑、增稠劑、防腐劑、色料和香料等。洗髮類用品可依型態或功能分類如下：

1. 依型態分類

（1）液狀洗髮用品

液狀洗髮用品即洗髮精或洗髮乳，是目前最常使用的洗髮用品，通常洗髮精外觀呈現透明或不透明，而洗髮乳則呈現乳液狀態。

（2）粉狀洗髮用品

早期國人常用粉末狀洗髮用品，常見的品牌有耐斯、脫普、金美克能洗髮粉等（圖 3-44）。

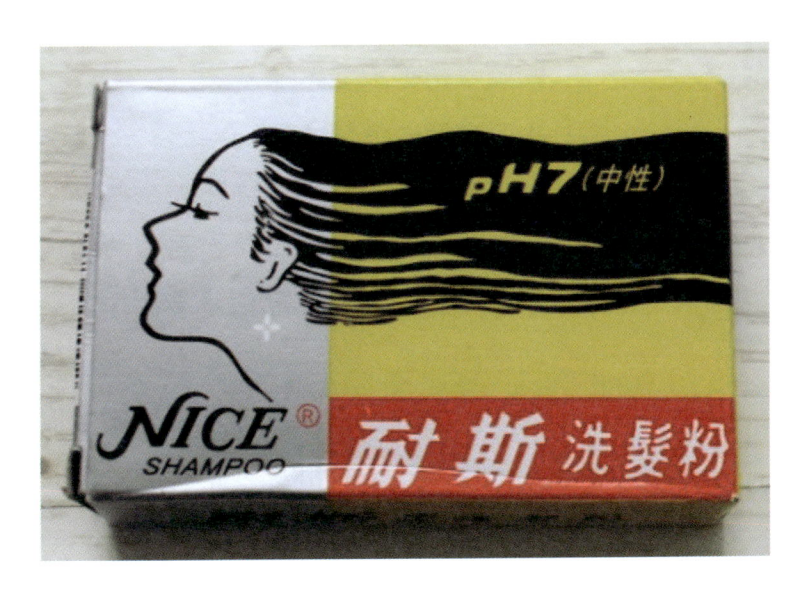

▲ 圖 3-44 洗髮粉

▲ 圖 3-45 雙效洗髮精（乳）

▲ 圖 3-46 去頭皮屑洗髮精（乳）

▲ 圖 3-47 嬰兒用洗髮精

2. 依功能分類

（1）單效洗髮精（乳）

單效洗髮精（乳）即市面上以清潔作用為主的洗髮精或洗髮乳。

（2）雙效洗髮精（乳）

為了避免洗髮時過度除去頭髮油脂，導致頭髮聚集過多負電荷，造成頭髮不易梳理，所以洗後通常會使用潤絲精去除頭髮上的負電荷，以使頭髮易於梳理。

為了節省消費者洗髮的時間與簡化步驟，廠商將潤絲精添加於洗髮精中，使得洗髮潤髮一次完成，此類產品稱為雙效洗髮精或洗髮乳（圖 3-45），雙效洗髮乳的洗淨力通常會降低。市面上常見的雙效洗髮乳有 566 洗潤雙效洗髮乳、潘婷絲質順滑洗髮乳、飛柔淨油柔順微米精華洗髮露等。

（3）去頭皮屑洗髮精（乳）

洗髮精或洗髮乳中添加一些抑制皮屑芽胞菌生長的成分，可有效改善或治療頭皮屑，此類產品稱為去頭皮屑洗髮精或洗髮乳（圖 3-46）。市面上常見的去頭皮屑洗髮精或洗髮乳有海倫仙度絲洗髮乳、仁山利舒洗髮精、舒聖洗髮精和施巴油性洗髮乳等。

（4）嬰兒用洗髮精

嬰兒的皮膚和頭髮都很細嫩，所以嬰兒用洗髮精多採用刺激性小的成分，市面上常見的嬰兒洗髮精有嬌生嬰兒亮澤洗髮露、DHC 嬰兒洗髮精、施巴嬰兒洗髮精等（圖 3-47）。

潤髮類用品

一般洗髮後會使用潤絲精，以使頭髮柔順好梳理並具有光澤（圖3-48）。潤絲精的主要成分為界面活性劑、油份和保濕劑等。依型態的不同，潤絲精可分為透明型及乳化型兩種，目前以乳化型潤絲精（乳）為主流。市面上常見的潤絲精（乳）有花香5原效潤絲精、多芬輕潤保濕潤絲乳、萊雅潤絲乳、逸萱亮澤去毛躁潤髮乳和花王潤髮乳等。

護髮類用品

護髮用品可深入頭皮內部，提供頭髮營養素，改善頭髮分叉、受損狀況，使頭髮強韌和恢復光澤，護髮用品主要成分為滲透性佳的油脂、頭髮營養劑和保濕劑等。護髮用品分為沖洗式及免沖洗式兩類。市面上常見的護髮用品包括護髮素、護髮霜（膜）和護髮油等（圖3-49、圖3-50），如葵花營養護髮霜和麗仕極致閃耀精華油等。

整髮類用品

整髮類用品是用來固定頭髮，協助頭髮造型，整髮用品依型態可分為泡沫整髮液、噴霧定型液、髮膠、髮雕、髮蠟、髮油、髮霜等（圖3-51、圖3-52），其中泡沫整髮液、噴霧定型液、髮膠和髮雕等含有黏性高的物質，而髮蠟、髮油、髮霜等則不含黏性高的物質，以梳理頭髮用油脂和蠟為主要成分。

▲ 圖3-48 潤絲精 　　▲ 圖3-49 護髮霜 　　▲ 圖3-50 護髮油

▲ 圖3-51 髮蠟 　　▲ 圖3-52 髮霜

五 染髮類用品

使用染髮劑的目的不外乎為了掩飾老態，將白髮染黑；或者為了時尚、表演需要，將頭髮染成各種顏色等（圖 3-53），染髮產品依來源可分類如下：

1. 天然染髮劑

天然染髮劑分為**植物性染髮劑**及**礦物性染髮劑**，植物性染髮劑如番紅花（紅色）、指甲花（紅橙色）、甘菊花（褐色）等，這類染髮劑較無刺激性，但染髮色澤較不自然，且可選擇的顏色較少。礦物性染髮劑則是利用金屬鹽類製成的染劑，如銀染髮劑（銀色）、鐵染髮劑（黑褐色）。

2. 合成染髮劑

合成染髮劑是目前使用最普遍的染髮劑，是以化學合成方法製備而成。

▲ 圖 3-53 染髮劑

染髮前後應注意事項如下：

1. 選擇有品牌，且經過檢驗認可、取得衛福部字號的染髮劑。

2. 先做過敏測試

   染髮前 48 小時先做過敏測試，可在手腕內側沾上 10 元硬幣大小的染髮劑，確認皮膚沒有紅、腫、痛、癢等異樣後才可使用。

3. 要安心染髮，保護頭皮是重點

   頭皮的毛囊數量多且密集，如染髮劑使用不當，化學藥劑很可能透過毛囊進入人體，影響健康。所以建議染髮前，在頭髮與皮膚交界處塗上一層嬰兒油或凡士林等高油度、高封閉性的產品，如此可收保護頭皮之效。

4. 多用補染方式

   儘量降低染髮頻率，醫師建議一年不要超過 12 次，如果是為了遮掩白髮，局部補染就好，不需要每次都整頭染。

5. 染完頭髮務必先沖掉染料

   染完頭髮先不用洗髮精，而是確實沖洗到水沒顏色之後，再以洗髮精連頭一起清洗乾淨。

6. 染髮後多喝水、多吃蔬果

   過去研究顯示，染髮的健康風險多在泌尿系統，因此染髮後多喝水，可排掉大多數的毒素，多吃蔬果也有助身體排毒。

7. 不管是用天然或合成染髮劑，反覆的染髮後，頭髮的保養和修復就變得非常重要。

六 燙髮類用品

燙髮是對頭髮進行形狀的改變，如將直髮變成捲髮或將捲髮變成直髮等，藉由燙髮可以將頭髮形狀維持較長的時間。燙髮方式可分類如下：

1. 熱燙

熱燙是使用藥水與加熱來改變毛髮組織的燙髮方式，可塑造紋理清晰和蓬鬆輕盈的髮型。

熱燙分為熱塑燙與溫塑燙兩種，這兩種的差異在於燙髮的溫度不同，熱塑燙溫度需達到 150℃ 以上，燙完後髮型可維持較久，但較傷髮質，溫塑燙是在 130℃ 以下燙髮，可降低熱對髮質的傷害。

2. 冷燙

冷燙係利用藥水在常溫下進行燙髮。

現在流行的燙髮造型有空氣燙、芭比燙、辮子燙、彈力修護燙、離子燙等（圖 3-54、圖 3-55）。燙髮後髮質好壞關鍵在於藥水，品質好的藥水較不會傷髮質，本身髮質以及後續個人整理和保養也是頭髮捲度維持的關鍵。與染髮一樣，反覆的燙髮後，頭髮的保養和修復是絕對不容忽視的。

▲ 圖 3-54 芭比燙　　　　　　　　　　▲ 圖 3-55 辮子燙

3-6 芳香化妝品

很多人會選擇在出門前噴上、擦上或灑上芳香的物質，讓自己的身體擁有持久且悅人的氣味，為自己帶來一整天的好心情（圖 3-56），這類的物質即為芳香化妝品，常見的芳香化妝品有香水、香膏和香粉等幾類。

一、香水

香水是用各種香精（香料）、酒精和蒸餾水按各種不同比例調製而成，香精萃取自植物和動物，也有取自帶香味的化學物質，植物來源如橙花、茉莉、薰衣草、玫瑰、檸檬油和檀香等，動物來源如龍涎香以及麝香貓與麝鹿身上氣腺體的分泌物。

▲ 圖 3-56 噴香水為自己帶來一整天的好心情

市面上香水種類繁多，依配方中香精濃度的高低，香水一般分為香精、香水、淡香水和古龍水四大類（圖 3-57）。而香水的價格主要是由香精含量高低決定，香精的濃度越高，價格也就越高。

1. 香精（Parfums）

香精含有約 20% 以上的香料（香精），是所有香水中濃度最高的，香氣可維持約 6～8 小時，屬於香氣最持久的香水，價格昂貴且容量小，適合晚上隆重場合或是晚會時使用。

2. 香水（Eau de Parfume）

香水含有約 10%～20% 的香精，香氣可維持約 4～5 小時。香水的價格較為親民，也是市面上最常見且為消費者最廣泛使用的類型。

3. 淡香水（Eau de Toilette）

淡香水含有約 5%～10% 的香精，香味較為柔和，香氣可維持 3 小時左右，適合平日或在辦公室使用。剛開始接觸香水的人可以選擇淡香水當作第一罐香水，會比較容易適應。

▶ 圖 3-57 琳瑯滿目的香水

4. 古龍水（Eau de Cologne）

古龍水是香味最淡的香水，香精濃度只有約 3%～5%，味道通常也比較清爽，香氣可維持約 1～2 小時，價格便宜。

有不少人以為古龍水是男性專用香水，但其實是因為男性普遍習慣味道較清淡的香水，所以男性使用古龍水的較多，也因此一般人才會有這種錯覺。

香膏

香膏是由具有香味的香精與蠟混合製成（圖 3-58），軟膏狀的香氛產品，由於香味較為柔和，即便頻繁補擦也不需擔心香氣過重和刺鼻的問題。不僅如此，相對於香水，香膏配方較溫和，較不易引起紅疹、皮膚過敏等肌膚問題。

香粉

香粉是由雲母粉或玉米澱粉等和香精（如檸檬、葡萄柚、玫瑰、薰衣草、蘿勒、柑橘、鼠尾草等）調製而成（圖 3-59）。藉由撲蓋香粉可防止皮膚水份與滋養流失，並使肌膚乾爽、柔滑且散發誘人的香氣。通常是在洗臉沐浴並擦完乳液或乳霜後，將香粉均勻撲蓋於全身。

▲ 圖 3-58 香膏

▲ 圖 3-59 香粉

3-7 特殊作用化妝品

近年來，化妝品產業蓬勃發展，而生物科技的運用使化妝品製造技術更加精進，進而言之，科學家應用生物科技設計和製造出一些生物製劑，這些製劑具有抗衰老、美白、防曬及促進皮膚組織修復等所需的特殊功能。

化妝品原料以具有特殊功能性的成分為主，再加上原料奈米化、利用奈米載體等，這些都是為了使生物活性成分或有效性成分能被皮膚更容易吸收與利用，以達到應有的化妝效果。

所以保濕、美白、防曬、抗老除皺等以特殊目的為訴求的化妝品最受消費者青睞。

茲將特殊作用化妝品分下列幾類：

一 止汗、制臭用品

1. 止汗劑

止汗劑是用來抑制人體汗腺的分泌（圖 3-60），使汗水較少，主要成分為**含鋁的藥劑**，有些止汗劑含**酒精**等殺菌劑，具殺菌作用，且可降低汗臭味。

2. 制臭劑

制臭劑含有**抑菌劑**和**殺菌劑**，可以降低細菌的繁殖和分解，也因此能夠減輕汗腺分泌物的臭味和減少體臭（圖 3-61）。

使用止汗制臭用品的最佳時機是睡前或肌膚乾燥時，若在運動大量流汗、散熱時使用，效果不佳。肌膚有傷口，不能使用。止汗制臭劑和防曬劑不同，不需要經常補擦，過度塗抹反而容易刺激皮膚。最重要的是，止汗制臭劑只能舒緩出汗狀況，如果是多汗症的患者，仍應找專業醫師協助。

▲ 圖 3-60 止汗劑　　▲ 圖 3-61 制臭劑

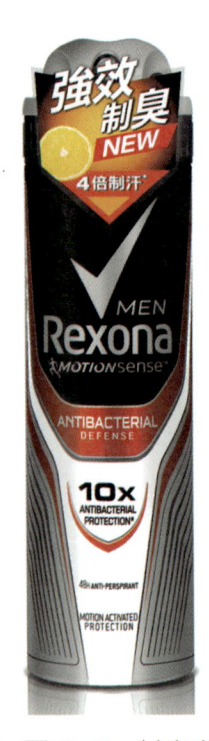

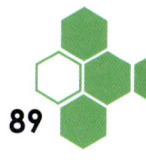

防曬用品

防曬用品是指能夠防止或降低陽光中紫外線的照射，以避免皮膚受到損傷的特殊作用化妝品（圖 3-62）。

1. 防曬係數

防曬係數是代表某一防曬品在中波紫外線的照射下，可保護肌膚不被曬紅、曬傷的時間，舉例來說，使用 SPF20 的防曬產品，是以原本 10 分鐘會曬紅者，在使用 SPF20 的防曬用品後，可使皮膚被曬紅的時間延長 20 倍，所以是 200 分鐘。

▲ 圖 3-62 防曬乳

因此，防曬用品中抗中波紫外線的效果，一般以 SPF 數值高低來表示，數值愈高，可使皮膚在陽光下愈不容易被曬紅。但因防曬產品無法完全阻隔紫外線對皮膚的傷害，通常 SPF 在 15～50 之間即有良好防曬效果，超過 50 者，其增加的防曬效果有限，超過 50 者，以 SPF 50+ 或 SPF 50 Plus 標示。

另外防曬用品上的 PA 標示，是指預防長波紫外線曬黑皮膚的指數，防護長波紫外線的效果目前以★或 PA+ 號這兩種表示方法最常見，換言之，當防曬用品的★號或＋號愈多，可保護皮膚愈不容易被曬黑，★★★★★或 PA+++ 代表防禦長波紫外線的效果最好。

選用防曬用品的原則：

（1）**一般日常活動**：選用 SPF15／PA+ 防曬用品。
（2）**於戶外進行休閒活動、輕度運動**：選用 SPF15～30／PA++ 防曬用品。
（3）**在烈日下長時間進行活動（渡假出遊、海邊的水上活動）**：
　　選用 SPF30～50+／PA+++ 防曬用品。

2. 防曬用品的型態

（1）**物理性防曬用品**

物理性防曬用品是利用無機物粉體來反射紫外線，使其無法穿透皮膚。經過實驗證實，<u>二氧化鈦</u>與<u>氧化鋅</u>之防曬效果最佳。隨著奈米科技的演進，以奈米化製程製得的奈米粉體，其顆粒細小、表面積大，防曬效果更佳。使用上，通常物理性防曬用品感覺比較油膩，另外就是白色的粉末可能讓皮膚顯得蒼白，或是有流白汗的情形。

（2）化學性防曬用品

化學性防曬用品是利用**化學物質**來吸收紫外線，這一類化學物質常會因吸收達到飽和而失去防曬效果，因此需重複塗抹以維持防曬功能。化學性防曬用品感覺比較清爽不油膩。

另外以溫和不刺激為訴求的物理性防曬用品，主要針對敏感性肌膚的成人與兒童，在市場上佔有一席之地。廠商在製造防曬用品時，也會選擇將 2～3 種的化學性防曬劑混合，以吸收不同波長的光線。近年來，防曬劑配方中也出現物理性和化學性防曬劑相互混合，以互補優缺點。

三 美白用品

美白化妝品是指能夠降低或抑制皮膚表皮色素沉積的化妝品（圖 3-63）。單一美白成分往往無法提供多種的美白效能，因此為提升美白效果，複方成分組成的美白化妝品便成為市場主流。

四 抗皺用品

抗皺用品強調具有延緩、防止肌膚老化，撫平皺紋、細紋，使肌膚緊實等功能（圖 3-64）。抗皺、延遲老化的化妝品原料以抗氧化物、細胞溝通因子以及與皮膚結構相同的物質為主。

▲ 圖 3-63 美白乳液

1. 抗氧化物

抗氧化物可減輕自由基和其他外在因素對皮膚的傷害，幫助皮膚修復，目前應用於化妝品中的抗氧化活性成分主要來自於生物體與天然植物，如維他命 A、C、E 等。

2. 細胞溝通因子

醫療級生物科技胜可發送訊息至細胞，促進特定細胞增生、蛋白質合成與肌膚新陳代謝，維持肌膚健康與光澤，並延緩肌膚老化。細胞溝通因子有合成性胜、卵磷脂、菸鹼醯胺、維他命 A 醇等。

3. 與皮膚結構相同的物質

近年來化妝品有效性原料的應用，趨向於仿生的概念，即加入與皮膚結構相同的物質，這些物質與肌膚相溶性較好，較無刺激和傷害性，如卵磷脂、玻尿酸、膠原蛋白等。

▲ 圖 3-64 抗皺乳霜

學習評量

一、請在空格處填入適當內容

1. 化妝品的分類

化妝品類別	化妝品名稱
①	化妝水、乳液和面膜等。
②	沐浴乳、洗面乳等。
③	唇膏、粉餅、眼影等。
頭髮化妝品	洗髮乳、潤髮乳等。
芳香化妝品	香水、香膏、香粉。
特殊作用化妝品	防曬乳、止汗除臭劑等。

二、簡答題

1. 浮水皂是如何製得的？

2. 市面上常見的乾洗手乳是如何調製而成的？

3. 請簡述面膜的功能。

三、學後心得

1. 在炎炎夏季從事戶外活動時，你可知道如何由防曬產品上的 SPF 和 PA 標示數值來選用合適的防曬乳液，以避免皮膚曬傷？

筆記欄 MEMO

Chapter 4 醫療保健與化學

　　正確的就醫觀念和用藥習慣可以幫助病人解除病痛，而平日留意身體的保健，可預防三高和其他各種疾病找上門。在選購健康食品時應認明衛生福利部認證的「健康食品標章」才比較有保障。吸毒除了嚴重危害個人健康之外，也間接的衍生許多家庭悲劇以及社會問題，因此奉勸年輕學子們遠離毒品。

4-1　常見藥物
4-2　正確就醫、用藥保平安
4-3　正確的身體保健法
4-4　健康食品
4-5　毒品的認識
4-6　遠離毒品
學習評量

4-1 常見藥物

凡是用來診斷、治療、減輕、預防疾病之物質,均可稱為藥物,早期藥物係提煉或萃取自植物、動物或礦物,現在的藥物很多來自於化學合成,所以說藥物與化學關係密切。

適當且正確地使用藥物,可以幫助病人解除病痛,但如用錯藥、不按時服藥、服藥過量或不足、服用過期藥物等,不但無法治療疾病,而且會傷害身體。

常用藥物如下:

1. 胃藥

胃藥主要用來治療胃酸過多、消化不良、胃部脹痛、消化性潰瘍等(圖 4-1),而治療胃酸過多的藥,其主要成分是碳酸氫鈉、氫氧化鋁、氫氧化鎂等的制酸劑,這些制酸劑可以中和胃酸,並控制胃液在適當的酸性範圍內。

2. 消炎劑

常見的消炎劑有磺胺藥物和抗生素兩大類:

(1) 磺胺藥物

磺胺藥物多由化學合成得到,主要的代表性藥物為對胺苯磺醯胺,其基本作用為抑制葡萄球菌的生長,一般用來治療肺炎、壞疽、血液中毒和腦膜炎等,但因藥性較強,且會有副作用,所以市面上的磺胺藥物都為此類藥物的衍生物,藥效不變,但可以降低副作用(圖 4-2)。

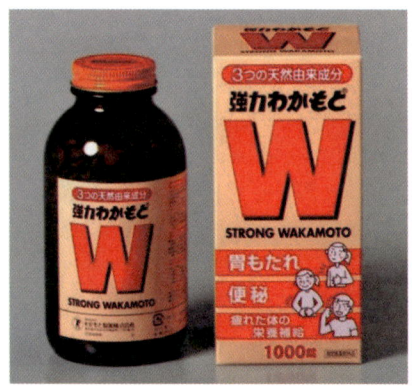

▲ 圖 4-1 胃藥

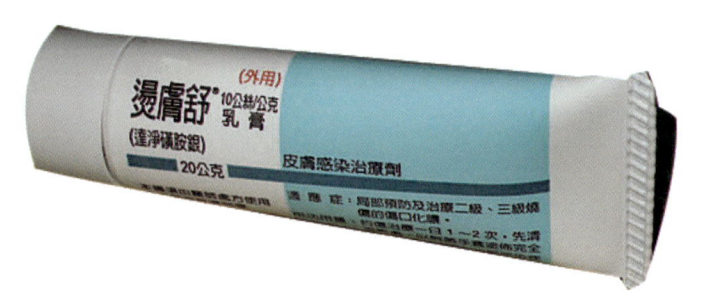

▲ 圖 4-2 含磺胺藥物的乳膏(預防及治療燒傷的傷口化膿)

（2）抗生素

抗生素往往來自於一種微生物（黴菌），這種微生物會分泌一種物質來消滅另一種微生物（病菌），因此將黴菌所產生的分泌物取名為抗生素，抗生素種類很多，茲將少數可作為醫療用的抗生素分述如下：

① 青黴素：**青黴素**為最早製成、應用的抗生素，俗稱**盤尼西林**，殺菌力極強，對肺炎、腦膜炎、腹膜炎、白喉、淋病和梅毒等病症非常有效，但一般使用後會有過敏反應（圖 4-3）。

② 鏈黴素：**鏈黴素**為治療肺病的特效藥（圖 4-4）。

③ 土黴素、金黴素：**土黴素**、**金黴素**可用來治療砂眼、結膜炎、霍亂等細菌引起的感染（圖 4-5）。

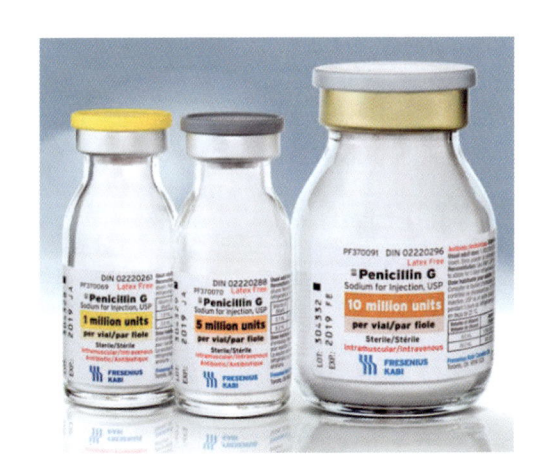

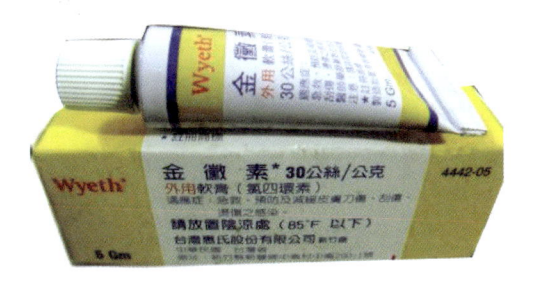

▲ 圖 4-3　青黴素

▲ 圖 4-5　金黴素軟膏（預防感染）

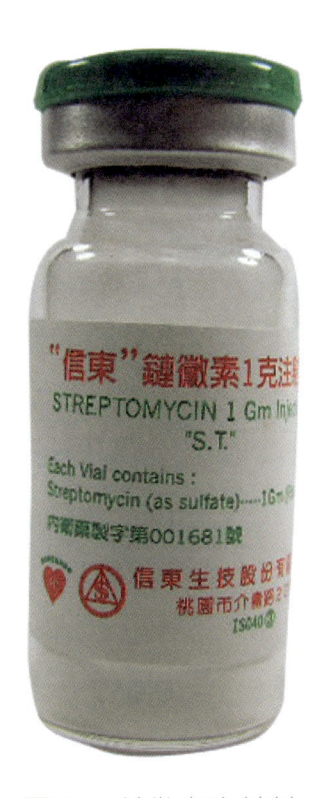

▲ 圖 4-4　鏈黴素注射劑
　　　　　（治療結核菌感染）

3. 止痛劑

常見止痛劑如下：

（1）阿斯匹靈

阿斯匹靈是臨床上使用最廣的解熱鎮痛劑，也是治療比較輕微的疼痛，例如頭痛、肌肉酸痛、風濕關節炎的良藥，而且還能預防手術後血栓形成、心肌梗塞和中風（圖 4-6）。但由於阿斯匹靈具弱酸性，長期服用會引起胃腸受損，因此服用阿斯匹靈時，同時服用制酸劑，可以減低其對胃腸之傷害，如長期服用阿斯匹靈會引起過敏反應者，可改用乙醯胺苯酚。

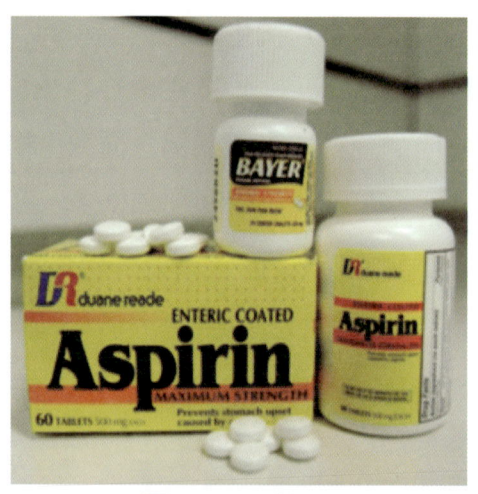

▲ 圖 4-6 阿斯匹靈

（2）乙醯胺苯酚

乙醯胺苯酚藥效與阿斯匹靈類似，所不同的是乙醯胺苯酚沒有消炎作用，但較無副作用，市售的普拿疼鎮痛劑含乙醯胺苯酚（圖 4-7）。

▲ 圖 4-7 鎮痛劑

（3）嗎啡

嗎啡有很強的止痛效果，但會使人上癮。嗎啡是由鴉片中萃取得到，而鴉片則是由嬰粟花未成熟果實所分泌的乳汁陰乾得到（圖 4-8）。

▲ 圖 4-8 嬰粟花未成熟果實和乳汁

（4）古柯鹼

古柯鹼是從古柯樹的葉片萃取而得（圖 4-9），為無色晶體，能麻醉神經末梢，加速血管收縮，對完好的皮膚沒有作用，但如塗敷在黏膜組織上，經數分鐘後，立即產生局部麻醉而消除疼痛。

▲ 圖 4-9 古柯樹

4-2 正確就醫、用藥保平安

一、正確的就醫觀念

1. 常見的小毛病可以透過自我照護和多休息來緩解症狀，不一定要立即看醫師吃藥（圖 4-10）。
2. 症狀未改善或變嚴重時就需要就醫吃藥（圖 4-11）。
3. 就醫前應確認自己的病症該看哪一科門診（圖 4-12）。

▲ 圖 4-10 小毛病多休息就好

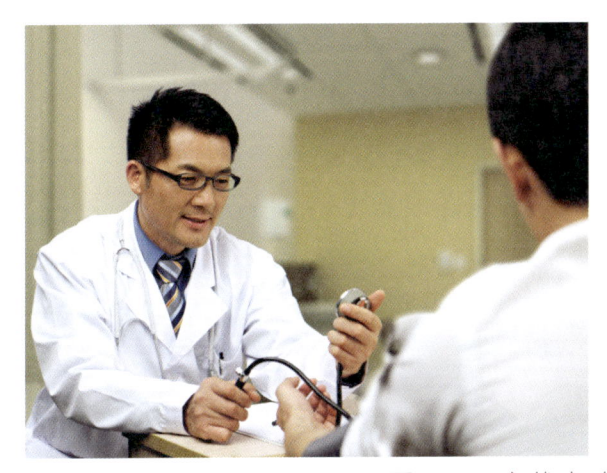

▲ 圖 4-11 症狀未改善就需要就醫和吃藥

▲ 圖 4-12 就醫前應確認該看哪一科門診

4. 看病時要根據自己的身體狀況，向醫師說清楚哪裡不舒服、不舒服的情形、大約何時開始不舒服、有無藥物過敏、曾罹患的疾病以及目前正在使用的藥品等（圖4-13）。

5. 第一次就醫後症狀仍未改善，不應立即換醫師就診，因為接連換醫師不但無法建立完整病歷，還可能因重複使用作用類似的藥品，或因使用了太多藥而產生副作用或藥品交互作用等。一般病症都需連續服藥一段時日才會出現療效，因此應配合醫師

▲ 圖4-13 看病時要向醫師說清楚哪裡不舒服

看診，耐心接受治療，才能早日恢復健康。例如感冒，看醫師吃藥和配合休息等，通常會在7到10天內自行痊癒，所以不要輕率的換醫師或要求醫師開強一點的藥，立即把症狀壓制下來，因為療效強相對的毒性也強。

6. 看同一位醫師一段時間後症狀未改善或變嚴重時就應考慮換醫師，以免因醫師誤診或其他因素而導致病情加劇。

正確的用藥習慣

1. 應遵照醫師指示的用法及劑量服用藥品，不要自行調整藥量、服藥時間的間隔或任意停藥（圖4-14）。

2. 症狀消除或大幅改善不可自行中斷服藥，要和醫師討論是否可以停藥或調整藥量。少數藥品如退燒藥、止痛藥、止咳化痰和流鼻水的感冒藥、止吐藥以及止瀉藥等在

▲ 圖4-14 應遵照醫師指示服藥

症狀減輕或沒有症狀時是可以停用，但像治療細菌感染的抗生素和治療病毒感染的藥則一定要聽從醫師的指示，並吃完醫師開的一個療程的藥。

3. 痊癒後之剩藥，不可任意提供他人使用。

4. 一般口服藥品應以適量的溫開水一起服用，不要以茶、咖啡或飲料等搭配服用（圖 4-15）。

5. 應清楚藥錠服用方法，如緩釋錠不能咬碎；腸衣錠不能咬碎且不能與制酸劑同時服用；制酸錠則咬碎效果好；發泡錠須加水泡開才能服用等。

6. 藥罐上標示的保存期限是「未開封」狀態下的期限，一旦開封後，保存期限就會縮短。服用藥品時，應確認該藥品是在有效期限內。

▲ 圖 4-15 口服藥品應以溫開水服用

7. 服用以前不曾用過的藥，或是劑量調整期間，最好有人在身旁注意服藥後的反應，萬一發生不良反應時才有人照料。

8. 服藥後若有任何不適，要和醫師討論是不是藥品引起的副作用，不要當作又生了另外一種病，在沒有弄清來龍去脈之下就又到處求診，不只傷荷包，更可能傷了健康。

9. 存放藥品的原則

    （1）內服藥品應與外用藥品分開，以免誤服。

    （2）浴室及家中日照強的地方不宜存放藥品，以免藥品變質，影響藥效。

    （3）藥品存放的位置一定要在兒童無法取得的地方，且與零食存放區明顯區隔，避免造成誤食（圖 4-16）。

    （4）沒有特別註明的藥品就不需要冷藏。

▲ 圖 4-16 藥品要放在兒童無法取得的地方

10. 忘記服藥，不需補服，下次服藥時仍服用正常劑量，切勿服用二倍劑量。
11. 禁止同時食用的組合：
    （1）抗凝血藥和納豆、綠黃色蔬菜、銀杏。
    （2）高血壓藥、痛風藥和高蛋白飲食。
    （3）抗憂鬱藥和酪梨、起司。
    （4）降血糖藥、胰島素和人參。
    （5）多數藥品和葡萄柚汁。
12. 不要聽信街坊鄰居推薦或電台等電子媒體宣傳，購買來路不明的藥品（圖 4-17）。

▲ 圖 4-17 不要購買來路不明的藥品

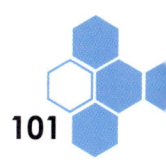

4-3 正確的身體保健法

自己的身體自己顧,所以平日的身體保健非常重要(圖 4-18),以下簡單介紹三高的預防、眼睛和口腔保健等。

一、如何預防三高

1. 何謂三高

三高是指高血壓、高血糖和高血脂,三高會引發高血壓疾病、糖尿病,也是引起腦血管和心臟血管疾病的重要原因。

▲ 圖 4-18 自己的身體自己顧

(1) 高血壓

血壓就是血管裡面的壓力,心臟收縮時,將血液經由大動脈送往全身組織時,所產生的壓力,稱為收縮壓(最高血壓)。心臟放鬆時,身體的血液回流到心臟時的壓力,稱為舒張壓(最低血壓)。

當收縮壓和舒張壓數值介於哪一範圍時稱為前期、第一期或第二期高血壓,請參考表 4-1。

▼ 表 4-1 18 歲以上成人血壓分類標準及定義

分類	收縮壓 (毫米汞柱 mmHg)		舒張壓 (毫米汞柱 mmHg)
正常血壓	<120	和	<80
高血壓前期 (警示期)	120～139	或	80～89
第一期高血壓	140～159	或	90～99
第二期高血壓	≥160	或	≥100

高血壓嚴重者會引發頭暈、頭痛等症狀,最後可能造成中風及腦出血死亡;此外,也會引發心絞痛、心肌梗塞等,最終演變成心臟衰竭;而腎臟也會受損,最後造成尿毒症,所以血壓對於健康影響甚鉅,應格外注意。

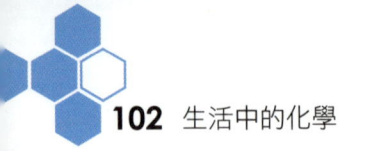

（2）高血糖

如體內的胰島素分泌不足或功能減低，使葡萄糖無法進入細胞，造成血糖過高。當血液中葡萄糖含量上升到超過腎臟所能回收的極限時，葡萄糖便會從尿液中「漏」出，造成尿中有糖的現象，這稱之為**糖尿病**。

糖尿病是一種新陳代謝發生障礙的複雜慢性疾病，稍不留意很容易引發各樣的併發症，如腦中風、心肌梗塞、慢性腎臟衰竭進而引起尿毒症、視網膜病變、足部壞死截肢等。

應定期檢測血糖值，然後根據測得的血糖值再決定應多久檢測血糖一次或就醫，詳如表 4-2。

▼ 表 4-2　血糖檢測結果與處理建議

血糖檢測值	判讀	處理建議
空腹 8 小時血糖值 < 100mg/dl	正常	至少 3 年檢查血糖一次
空腹 8 小時血糖值 100～125mg/dl	糖尿病前期	至少 1 年檢查血糖一次
空腹 8 小時血糖值 ≧ 126mg/dl	糖尿病	應儘快接受更進一步的檢查和治療

（3）高血脂

血中所含脂肪簡稱血脂，血中脂肪物質如三酸甘油脂、膽固醇等偏高者，稱為**高血脂**，如三酸甘油脂、膽固醇代謝異常，導致含量過高，稱為**高脂血症**。

高脂血症患者容易罹患動脈硬化，也會增加罹患冠狀動脈心臟疾病的機率。高脂血症也與腦中風、高血壓、糖尿病、腎臟病等慢性疾病息息相關。

血脂正常值如下：

① 總膽固醇低於 200mg/dl
② 三酸甘油脂低於 200mg/dl
③ 低密度脂蛋白膽固醇低於 130mg/dl
④ 高密度脂蛋白膽固醇高於 35mg/dl

Chapter 4 ｜醫療保健與化學

◀ 圖 4-19 輕鬆散步

▲ 圖 4-20 唱歌讓自己心情愉快　　▲ 圖 4-21 心情鬱悶時，不要一個人自怨自哀　　▲ 圖 4-22 定期健康檢查

2. 三高形成的原因

三高形成原因與遺傳和不良的生活型態有關，家族中如有高血壓、糖尿病、高脂血症的人，其罹患三高的機率比一般人高。而生活型態不良的，如不喜歡運動、肥胖、壓力大、抽菸、飲酒過量、不良飲食習慣等，也容易得三高。

3. 保健及預防三高之道

（1）養成健康的飲食習慣：低油、低糖、低鹽、高纖。

（2）減少久坐，持續並規律運動以保持理想體重（圖 4-19）。

（3）養成良好生活習慣，早睡早起不熬夜，同時不吸菸、少喝酒（未成年不能喝酒）。

（4）壓力大、遇挫折或心情鬱悶時，應適當發洩，如運動、聊天、閱讀、聽音樂、唱歌、看電影、改變對於事件的看法，正向思考，尋求家人、朋友協助（圖 4-20、圖 4-21）。如果前面的方法你都嘗試過了，還是沒用的話，建議你勇於尋求老師或專業人士的協助。

（5）定期健康檢查，早期發現病症，早期治療（圖 4-22）。

圖 4-24 在大太陽底下活動時，應配戴太陽眼鏡

二 視力保健

眼睛是靈魂之窗，所以視力的保健非常重要，平日視力保健之道如下：

1. 注意均衡的營養，並多攝取含豐富維生素 A、維生素 D、葉黃素及蛋白質的食物，少吃油膩、辛辣的食物。
2. 生活要規律、睡眠充足、不熬夜以及避免生氣，以免眼壓升高。
3. 多從事戶外運動，多接近大自然，多看綠色景物（圖 4-23）。
4. 保持眼睛清爽、乾淨，不可未洗手就搓揉眼睛，這樣容易病菌感染。感覺眼睛疲勞時，可用熱毛巾輕敷眼部，並按摩眼睛穴道或做放鬆眼部肌肉的運動，以減緩眼部疲勞。
5. 白天在大太陽底下工作或活動時，最好戴太陽眼鏡（圖 4-24），以保護眼睛，但必須挑選濾光效果好的太陽眼鏡。
6. 儘量避免讓眼睛長時間從事近距離的工作，工作約 50 分鐘後就應閉目養神、往遠處眺望綠色景物或作短距離的散步。
7. 閱讀、寫字時光線應充足、姿勢要端正，光源最好來自左後方，眼睛與書面應距離 30 公分，閱讀一小時後，要讓眼睛休息片刻。
8. 不要躺著閱讀，不要在晃動的車廂內閱讀，且不可在暗處、陽光直射處閱讀，以免傷害眼睛。

▲ 圖 4-23 多從事戶外運動

▶ 圖 4-26 配戴隱形眼鏡要注意鏡片的衛生

9. 看電視時眼睛與螢幕距離，應該是電視畫面對角線的 6 至 8 倍，以避免輻射線傷害。看電視時，室內應開燈，以免近視。

10. 打電腦時應在螢幕上裝置濾光鏡以防止反射光傷害眼睛。每使用半小時的電腦，就應休息片刻，而每天使用電腦的時間不宜超過 4 小時。

11. 定期視力檢查（圖 4-25），有視力障礙（近視、遠視、亂視或黃斑部病變等）需矯正或治療時，應找合格專業醫師，以確保眼睛健康。

12. 如需配戴眼鏡應找有合格驗光師的眼科診所驗光並開立配鏡處方，或找驗光設備齊全、有合格驗光師的眼鏡行配眼鏡。

▲ 圖 4-25 定期視力檢查

13. 如配戴隱形眼鏡，要特別注意鏡片的衛生，必須每日消毒和更換儲存鏡片的藥水，也要定期清除鏡片上的蛋白質沉澱物，以免造成眼睛發炎（圖 4-26）。每次戴上或取下隱形眼鏡前都應洗淨雙手，睡覺前和眼睛不適時都應取下隱形眼鏡。

口腔保健

1. 口腔保健的重要性

口腔是人體重要器官，也是消化系統的第一道關卡，口腔是不是衛生、健康會影響進食、吞嚥、語言、臉部表情、社交活動和慢性病的罹患率。

近年來研究指出，口腔疾病是慢性病的元兇之一，如牙周病會影響糖尿病患者血糖的控制，也會增加心臟病、中風、吸入性肺炎等的罹患風險；口腔問題也會影響生活品質，如慢性口腔炎會併發營養不良、口臭、言語問題；缺牙、牙齒不整齊甚至會影響自尊。

2. 如何做好口腔衛生保健

要保持牙齒健康、預防蛀牙、減少牙周病之發生，不是靠牙醫師，而是要靠自己平日的保健，口腔衛生保健的具體作法如下：

（1）攝取均衡營養

均衡的營養能夠促進牙齒成長，減少口腔疾病發生，例如蛋白質，脂溶性維生素：A、D、E、K，水溶性維生素：C、B群，各類礦物質：鈣、鎂、磷、鐵等，都證實可以維護牙齒健康、預防牙周疾病。其中維生素D可藉由曬太陽而合成，其它營養素則可由均衡飲食中攝取。

（2）維持口腔衛生

① 口腔清潔用品

除了**牙膏**、**牙刷**之外可搭配使用**牙線**、**漱口水**等來協助清潔口腔（圖4-27、圖4-28）。牙膏、牙刷可清潔牙面的食物牙菌斑等，牙線可清除牙縫的食物殘渣和牙菌斑，漱口水則具有抗菌效果，可抑制牙菌斑及牙齦發炎，如使用含氟漱口水更可有效預防蛀牙，但因長期使用氟化物會取代牙齒中的鈣離子，形成氟斑，造成牙齒變色或味覺改變，故不建議每天使用。

② 口腔清潔時機

飯後或進食後應以牙刷、牙線和漱口水清潔牙齒，以預防齲齒的發生，因牙齒表面上的細菌能在食物進入口腔後 5～30 分鐘，分泌酸性物質讓牙齒的鈣質少量溶解，這是蛀牙的前兆。而早上起床和睡前也應以牙刷、牙線和漱口水清潔牙齒。每天至少要在睡覺前用牙線清潔牙齒一次，做好最好的清潔再入睡。

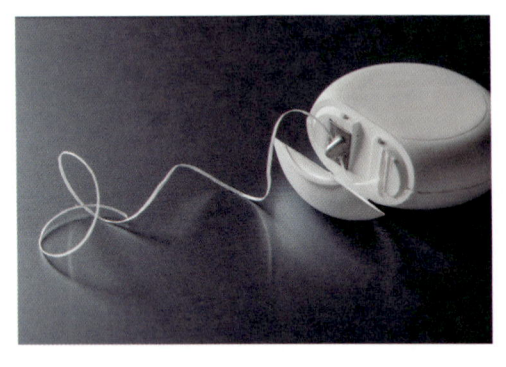

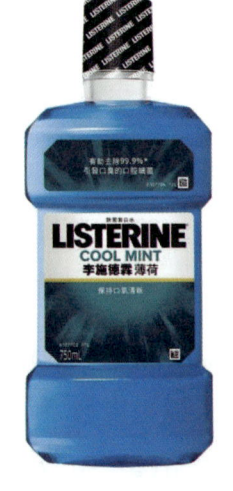

▲ 圖 4-27 牙線　　　　　　　　　▲ 圖 4-28 漱口水

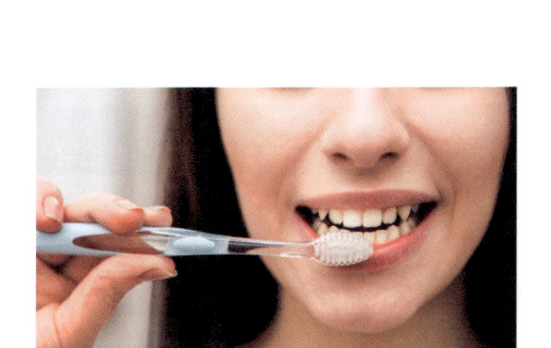

▲ 圖 4-29 刷牙

▲ 圖 4-30 以牙線潔牙

▲ 圖 4-31 以漱口水漱口

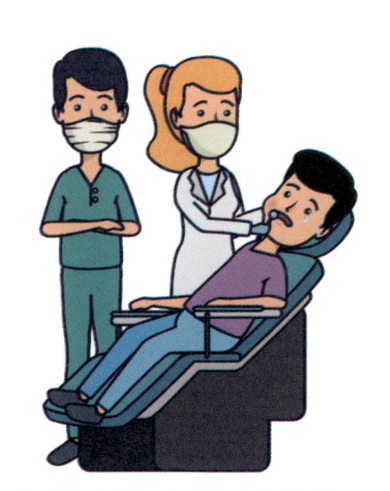

▲ 圖 4-32 定期口腔檢查

③ 口腔清潔方式

用好的牙刷，採用正確的刷牙方法，輕輕、有耐性的刷牙即可，力道過大反而會造成牙齦萎縮或牙齒磨損（圖4-29）。在刷牙後再以牙線清除牙縫的食物殘渣和牙菌斑（圖 4-30），接著使用漱口水清潔口腔，使用漱口水漱口前（圖 4-31），應先用清水漱口，儘可能清除留存在口腔內的食物殘渣，然後再含約 10～20 毫升的漱口水，仰頭漱口約 30 秒，漱遍口腔、牙縫、牙齦即可吐掉，漱完後不要再用清水漱口。

④ 多喝水有利於口腔之清潔。但不宜喝糖水、碳酸飲料等，因為這反而會傷害牙齒。

⑤ 使用含氟物

研究報告指出全世界蛀牙下降與含氟物廣泛使用有關，所以採用含氟牙膏、含氟漱口水以及咀嚼含氟口香糖等皆可預防蛀牙，必要時可至牙科診所塗氟。

⑥ 避免吸菸及嚼檳榔

研究顯示吸菸容易導致牙周問題，菸及檳榔也會造成口腔病變，增加口腔癌發生機率。

（3）定期口腔健康檢查

每半年定期至牙科洗牙並作口腔健康檢查，以確認牙齒是否健康以及口腔有無病變等，另外牙縫或自己不易刷到的地方，也可靠醫師協助清除牙垢及牙結石（圖 4-32）。

4-4 健康食品

一、健康食品的定義

根據民國 107 年 1 月 24 日修正公布的「健康食品管理法」，**健康食品**係指具有保健功效，並標示或廣告其具該功效之食品，而所稱之保健功效，係指增進民眾健康、減少疾病危害風險，且具有實質科學證據之功效，非屬治療、矯正人類疾病之醫療效能，並經中央主管機關公告者。

換言之，食品一定要經過衛生福利部審查通過後才能稱為「健康食品」，通過審查的產品會給予**健康食品標章**（圖 4-33），而坊間所稱之**「保健食品」**，其實就是一般食品，僅能做為營養補充，兩者並不相同。

健康食品本質上即為食品，原料主要來自於微生物、植物、動物或者利用化學合成得到的，而健康食品中所使用之添加物也大都是化學合成物質。

二、常見健康食品的類別、來源和功能

常見健康食品的類別、來源和功能如表 4-3，市售的健康食品琳瑯滿目（圖 4-34），且有些廣告誇大不實，因此在選購時應認明衛生署認證的「健康食品標章」才比較有保障。

▲ 圖 4-33 健康食品標章

▼ 表 4-3 常見健康食品的類別、來源和功能

類別	來源	功能
卵磷脂	由大豆或蛋黃中提取	可修復受損的細胞膜，以維持細胞膜的正常結構
甲殼素	由蝦類與蟹類的外殼中提取	促進腸胃功能、預防便祕、強化免疫力、可以吸收油脂降低膽固醇與促進傷口癒合
寡醣	由 3～9 個單醣脫水聚合而成	抑制腸道內壞菌生長、降低膽固醇、降低血糖、促進礦物質吸收
抗氧化劑	莢果、水果、綠色蔬菜、綠茶、巧克力、紅酒、魚等	可減少自由基生成，以致能抗癌、防老
膳食纖維	麥麩、麥片、全麥片、蔬果、豆莢等	幫助腸道正常蠕動和排便，可降低大腸癌發生機率
多元不飽和脂肪酸	黃豆油、芥花油、堅果、魚油等	可降低血脂，以減少心血管病變
維他命、礦物質	蔬果、魚及富含特定元素的物質	基本營養素，參與身體的代謝作用，進而強化身體機能
茄紅素	西瓜、木瓜、粉紅葡萄柚、紅番石榴中含量豐富	抗氧化、護肝、降膽固醇
兒茶素	兒茶素是茶葉中最主要的多酚類成分	具有抗氧化的功效、可預防蛀牙、抗菌除臭
葡萄糖胺	有一種提煉自天然的蝦蟹甲殼中的幾丁質，另一種則是合成的（微生物）	葡萄糖胺具有修復關節韌帶及增加關節液分泌的作用，減低關節的發炎現象
非變性第二型膠原蛋白（「非變性」表示未經過一般常見的水解變性過程，最具生物效益）	萃取自雞胸骨部位的軟骨	有益骨關節炎，也可改善運動引發的關節疼痛

110 生活中的化學

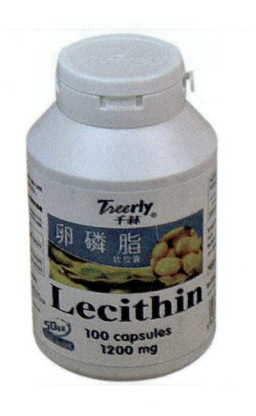

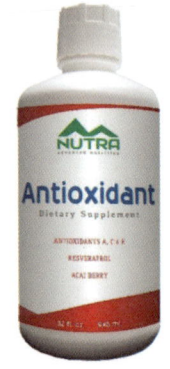

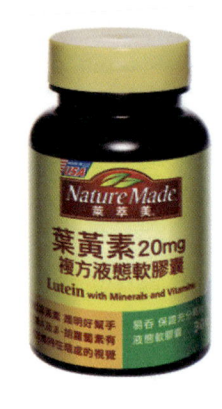

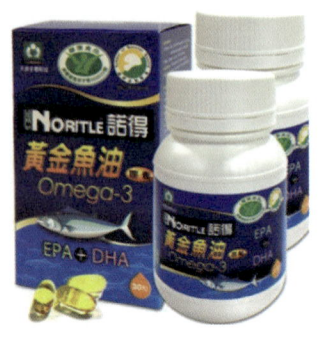

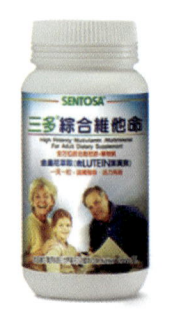

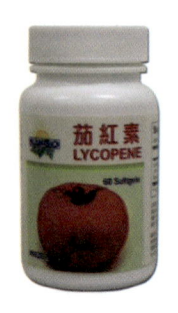

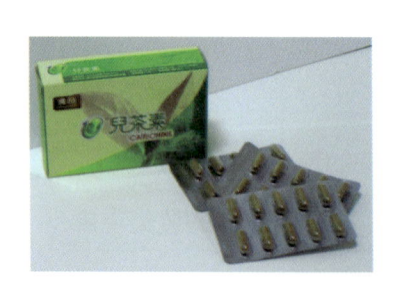

抗氧化劑

▲ 圖 4-34 市售的健康食品和保健食品琳瑯滿目

三 如何正確選購健康食品

選購健康食品的要訣如下：

1. 先查看是否取得認證

當你想購買健康食品時，第一步要先查看此項產品是否取得健康食品認證，因為要取得認證，要有基本的毒性測試，以確保消費者安全外，也必須附有實驗證明其功效，這對消費者有最基本的保障。

2. 仔細閱讀產品成分標示

要仔細閱讀產品成分標示，廠商標示得愈清楚，愈有可能負責任。看成分標示時，不要只看原料成分，也要看有效成分的份量。舉例來說，廠商標示產品有助骨骼健康，你應該看的不只是原始材料，如蟹殼粉、珍珠粉的多寡，而是其中有效的成分是多少，實在有不少例子，在昂貴的膠囊裡，裝的大都是澱粉。

3. 選擇大品牌或在大型通路購買

大品牌和大型通路比較不可能販售離譜的產品。另外，不要相信網路、部份直銷商誇大效用的產品廣告，一般而言，宣稱什麼都有效的，就越要小心。

4. 諮詢醫生和營養師

在打算選購健康食品前，最好請教醫生、營養師，特別是你正在服藥中。因為該不該吃，不只是關乎這種健康食品有沒有效，而是這個時候你的身體狀況適不適合吃，必須做整體考量。

5. 服用健康食品的正確觀念

健康食品可以提供營養、增進健康，但絕對不是萬靈丹，更不可能一吃就立即見效，所以服用健康食品應抱持著「可以讓症狀逐步改善或比以前好」的正確觀念，而不要聽信誇大的廣告而被當肥羊宰。就如同吃魚油並不能保證你一定有一顆健康的心臟，吃銀杏也不能保證你可以大幅提升記憶力。至今營養學界知道最多、最可靠、最能保證你身體健康的健康食品，仍是你三餐吃進的多樣化食物，包括魚、肉、蛋以及大量的蔬菜、水果。聽起來老掉牙，卻是最便宜、最有效的方法。

4-5 毒品的認識

一、毒品的種類

以往曾被視為具有神奇效用的麻醉、止痛等管制藥劑，現在因人們的不當使用而被列為毒品，因此政府相關單位嚴加禁止非醫療使用，因為這些毒品，雖然會短暫的讓人亢奮、產生迷幻、興奮中樞神經或減輕疼痛，但也會使人上癮，並且使吸食者身心都受到極大的危害。

早期常見的毒品有速賜康、強力膠、紅中、白板、青發等，而目前被列為毒品的品項很多，常見的毒品依其成癮性、濫用性及對社會危害性分為四級，第一級毒品是目前毒害最嚴重的毒品。毒品之分級及品項，由法務部會同衛生福利部組成審議委員會，定期檢討、調整及增減。

第一級毒品

1. 海洛因（白粉）（圖 4-35）
（1）屬性：中樞神經抑制劑。
（2）醫學用途：無（海洛因之毒性強，極易中毒，且成癮性強，許多國家皆已禁止醫療使用）。
（3）濫用方式：注射、吸食。
（4）濫用危害：無法集中精神，會產生幻覺，過量使用會造成急性中毒，症狀包括昏睡、呼吸抑制、低血壓、瞳孔變小等。

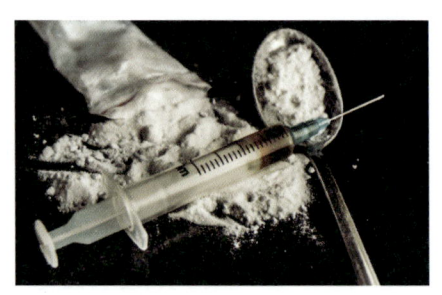

▲ 圖 4-35 海洛因

2. 嗎啡（圖 4-36）
（1）屬性：中樞神經抑制劑。
（2）醫學用途：鎮痛。
（3）濫用方式：注射、口服。
（4）濫用危害：類似海洛因的症狀。

▲ 圖 4-36 嗎啡

3. 鴉片（圖 4-37）
（1）屬性：中樞神經抑制劑。
（2）醫學用途：無。
（3）濫用方式：經口、鼻吸。
（4）濫用危害：類似海洛因的症狀。

▲ 圖 4-37 鴉片

4. 古柯鹼（快克）（圖 4-38）

(1) 屬性：中樞神經興奮劑。

(2) 醫學用途：局部麻醉、止流鼻血。

(3) 濫用方式：經口、鼻吸和煙吸。

(4) 濫用危害：發抖、心跳加速、血壓上升、被迫害妄想、幻覺，大量使用會引起精神錯亂、思想障礙。

▲ 圖 4-38 古柯鹼

第二級毒品

1. 大麻（圖 4-39）

(1) 屬性：中樞神經迷幻劑。

(2) 醫學用途：無。

(3) 濫用方式：煙吸（圖 4-40）。

(4) 濫用危害：會引起懶散、意識混亂、無方向感、時空錯亂、幻覺、動作協調差等。

▲ 圖 4-39 將大麻的葉用紙捲成菸狀再點火吸

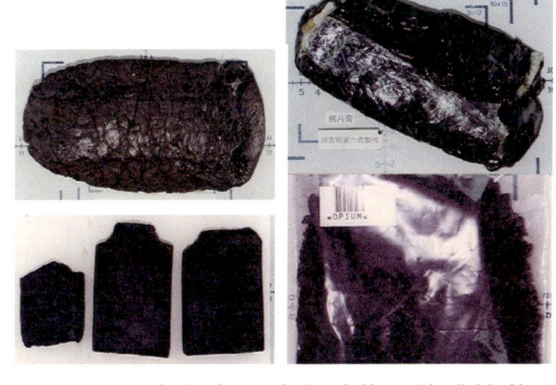

▲ 圖 4-40 大麻膏（塗在香菸頂端或捲菸紙上點火吸）

2. 安非他命（安公子）（圖 4-41）

(1) 屬性：中樞神經興奮劑。

(2) 醫學用途：無。

(3) 濫用方式：口服、鼻吸、煙吸、注射。

(4) 濫用危害：會引起精神錯亂，思想障礙，類似妄想性精神分裂症，多疑、幻聽、被迫害妄想，且有自殺傾向等。

▲ 圖 4-41 安非他命

3. 搖頭丸（快樂丸，MDMA）（圖 4-42）
（1）屬性：中樞神經興奮劑。
（2）醫學用途：無。
（3）濫用方式：口服。
（4）濫用危害：昏暈、視線模糊、畏冷及冒汗、心跳變快、血壓上升、體溫增高、脫水、橫紋肌溶解、急性腎臟或心臟衰竭等病症。

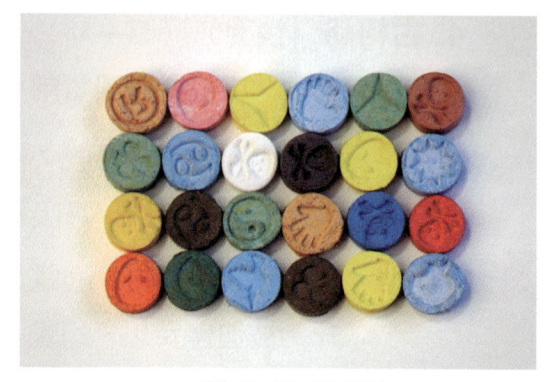

▲ 圖 4-42 搖頭丸

4. 搖腳丸（一粒沙）（圖 4-43）
（1）屬性：中樞神經迷幻劑。
（2）醫學用途：無。
（3）濫用方式：口服、注射。
（4）濫用危害：出現幻覺，時空錯亂、產生聯想、嚴重精神錯亂。

▲ 圖 4-43 搖腳丸

5. 液體搖頭丸（GHB）（圖 4-44）
（1）屬性：中樞神經抑制劑。
（2）醫學用途：無。
（3）濫用方式：口服。
（4）濫用危害：幻想、知覺喪失、肝衰竭、痙攣、昏迷、嚴重呼吸抑制、暴力或自殘行為、尿失禁。

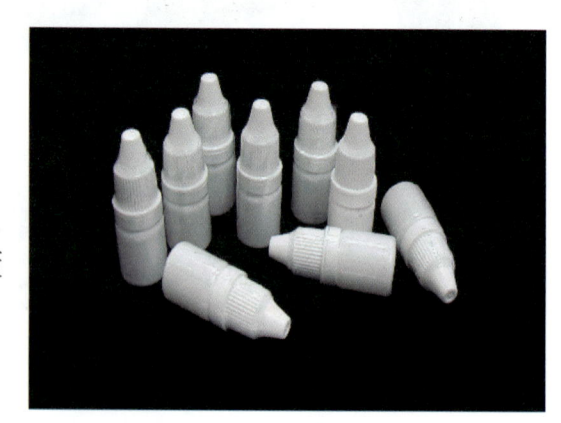

▲ 圖 4-44 液體搖頭丸

6. 浴鹽（圖 4-45）
（1）屬性：中樞神經興奮劑。
（2）醫學用途：無。
（3）濫用方式：鼻吸、口服、注射。
（4）濫用危害：血壓升高、腎衰竭、肝與肺受損、骨骼與組織崩解、腦腫及腦死，嚴重者甚至會死亡。

▲ 圖 4-45 浴鹽

第三級毒品

1. 約會強暴丸（十字架，FM2）（圖 4-46）
（1）屬性：中樞神經抑制劑（藥物）。
（2）醫學用途：安眠鎮定。
（3）濫用方式：注射、口服。
（4）濫用危害：注意力無法集中、精神恍惚，肝腎受損，嚴重者會昏迷死亡。

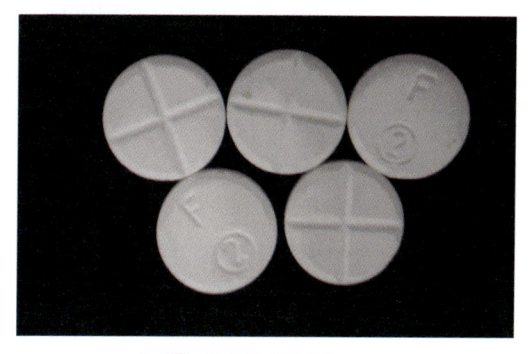

▲ 圖 4-46 FM2

2. 小白板（圖 4-47）
（1）屬性：中樞神經抑制劑。
（2）醫學用途：無。
（3）濫用方式：注射、口服。
（4）濫用危害：大都呈現深度睡眠狀態，但若與酒精或其它中樞神經抑制劑併用，則危險性大為提高，許多濫用者係因精神恍惚造成意外或因吸入嘔吐物而致死。

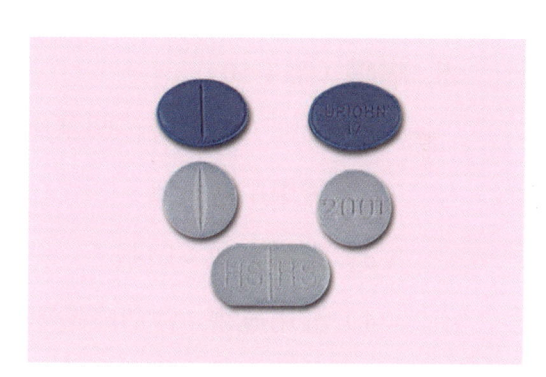

▲ 圖 4-47 小白板

3. K 他命（圖 4-48）
（1）屬性：中樞神經抑制劑。
（2）醫學用途：麻醉劑。
（3）濫用方式：口服、鼻吸、煙吸、注射。
（4）濫用危害：產生幻覺並有噁心、嘔吐、視覺模糊、影像扭曲、動作遲緩、暫時性失憶、身體失去平衡，甚至呼吸抑制的症狀。

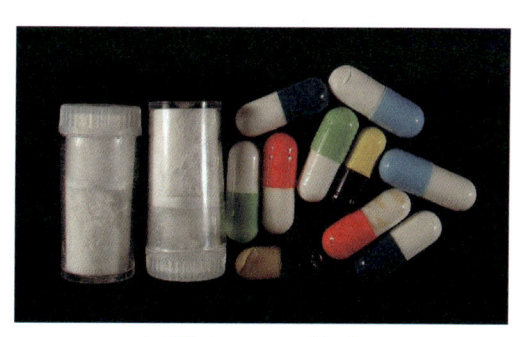

▲ 圖 4-48 K 他命

4. 一粒眠（紅豆）（圖 4-49）

（1）屬性：中樞神經抑制劑。

（2）醫學用途：治療焦慮、失眠、肌肉緊縮等症狀。

（3）濫用方式：口服。

（4）濫用危害：長期使用會出現嗜睡、步履不穩、注意力不集中、記憶力和判斷力減退等症狀，若與其他藥物或酒精一併服用，危害性增高，嚴重者甚至會導致死亡。

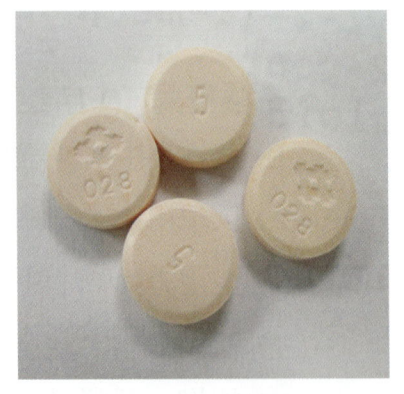

▲ 圖 4-49 一粒眠

5. 喵喵（圖 4-50）

（1）屬性：中樞神經興奮劑。

（2）醫學用途：無。

（3）濫用方式：口服。

（4）濫用危害：會造成嚴重的妄想、幻覺，甚至會賠上寶貴性命。

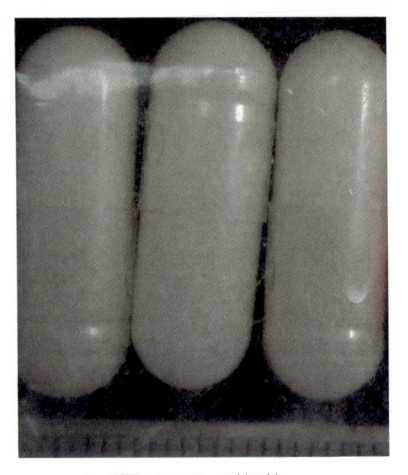

▲ 圖 4-50 喵喵

第四級毒品

1. 蝴蝶片（圖 4-51）

（1）屬性：中樞神經抑制劑。

（2）醫學用途：安眠、鎮定。

（3）濫用方式：口服。

（4）濫用危害：昏睡、失去記憶、產生幻覺。

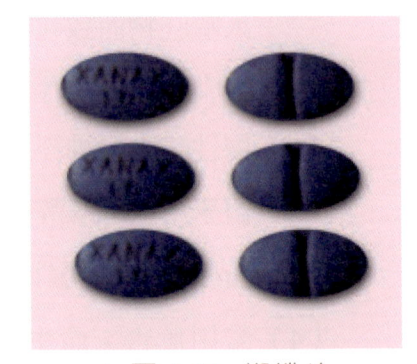

▲ 圖 4-51 蝴蝶片

2. 安定（煩寧）（圖 4-52）

（1）屬性：中樞神經抑制劑。

（2）醫學用途：治療焦慮症、神經官能症、失眠和癲癇。

（3）濫用方式：注射、口服。

（4）濫用危害：超劑量可導致動作失調、肌肉無力、言語不清、精神錯亂、昏迷、呼吸抑制，甚至死亡。

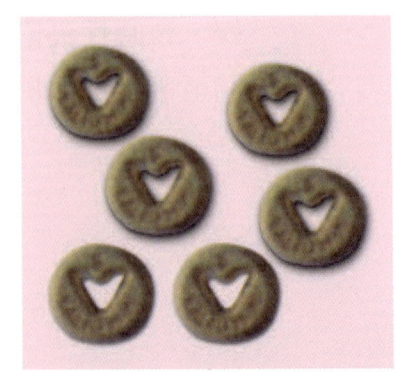

▲ 圖 4-52 安定

3. **麻黃素**（圖 4-53）

   (1) 屬性：中樞神經興奮劑。
   (2) 醫學用途：感冒、鼻炎、氣喘藥中含有麻黃素，可以定喘、使血管縮收，所以用在支氣管擴張和鼻炎的治療。
   (3) 濫用方式：口服。
   (4) 濫用危害：失眠、心律不整、心跳加快、中風等。

   ▲ 圖 4-53 麻黃素

毒品的新樣貌

現在有些毒品是以異於傳統毒品的粉末、藥錠、吸食器和針筒的樣貌出現，以下是一些常見的新樣貌毒品：

1. 在飲品（如咖啡包、奶茶包、果汁等）中添加毒品，以及在休閒食品或零食（如果凍、梅子粉、梅子片、糖果等）中混摻毒品（圖 4-54），以吸引青少年好奇，進而初次使用，然後藥頭或同儕會以行銷話術如「這只是會 high 的咖啡及茶」；「這是流行不是吸毒」及「驗尿也驗不出來」等，以致青少年使用毒品的人數快速增加。

毒糖果

毒果凍　　毒梅粉

▲ 圖 4-54 混摻毒品的休閒食品

2. 外包裝為「動漫人物」圖樣，內容物除咖啡粉或奶茶粉外，另添加毒品，藉此來吸引青少年購買（圖 4-55、圖 4-56、圖 4-57、圖 4-58）。

3. 仿冒名牌商標，但內容物卻為加了毒品的咖啡粉和奶茶粉產品，藉此來吸引青少年購買（圖 4-59、圖 4-60、圖 4-61、圖 4-62）。

▲ 圖 4-55
哆啦 A 夢毒咖啡包

▲ 圖 4-56
航海王毒咖啡包

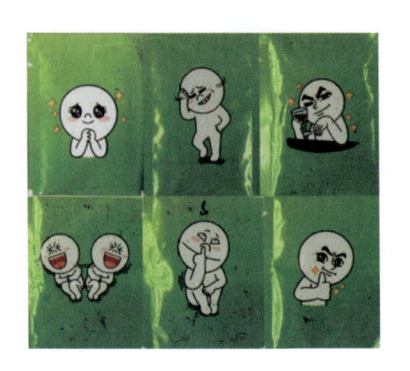

▲ 圖 4-57
饅頭人毒咖啡包

▲ 圖 4-58
HELLO KITTY
毒可可＋奶粉包

▲ 圖 4-59 仿冒 Apple 商標的毒咖啡包

▲ 圖 4-60 仿冒雀巢商標的毒咖啡包

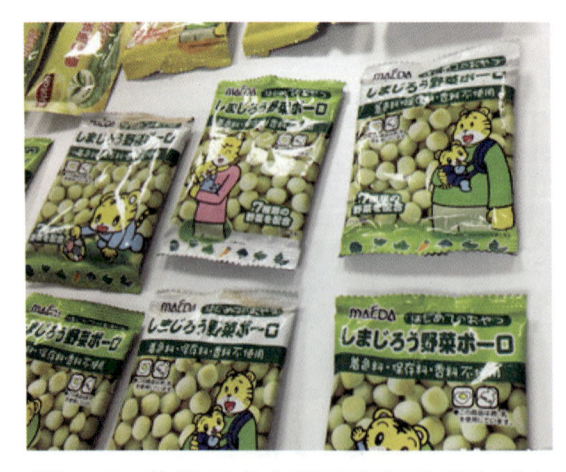

▲ 圖 4-61 仿冒巧虎小饅頭商標的毒咖啡包

▲ 圖 4-62 迷你可口可樂罐裝的是液態毒品

4. 近來有一款內含搖頭丸及 K 他命等毒品的「彩虹菸」悄悄蔓延，以誇張的彩色濾嘴、包裝及宣稱可以吐出彩色煙霧的噱頭，來誘使青少年吸食（圖 4-63）。

由於新樣貌毒品使用方便，方式異於傳統的靜脈注射及吸食方式等，且立即的不適或傷害降低，也因此容易使初次使用者警覺心降低，願意於夜店、演唱會場、KTV 包廂、私人派對等場合使用，另外，由於新樣貌毒品多為數種毒品混合，也讓使用者感受到「每次使用的感覺都不一樣」的新奇與期待感，久而久之上了癮而不自知。

▲ 圖 4-63　彩虹菸

◀ 圖 4-64 使用毒品成癮者會嚴重影響個人健康

4-6 遠離毒品

　　毒品會對身體造成極大的危害，而吸毒者為達到預期的效果，往往會逐漸增加使用量，所以常常在不知不覺中過量使用，造成中毒現象。

　　長期使用毒品，一但終止或減少使用量，身體即會產生流淚、打哈欠、嘔吐、腹痛、痙攣、焦躁不安及強烈渴求藥物等戒斷症狀，讓吸毒者痛不欲生。

　　所以使用毒品成癮者通常很難戒毒，也因此終其一生難以擺脫毒品的束縛。這除了嚴重影響個人健康外（圖 4-64），還會面臨失業、不易找工作、朋友疏離、家庭破碎、自尊心受創，而無法適應和立足社會，最終甚至於落到發狂自殺的下場。成癮者沒錢買毒品時，往往不惜以暴力、詐騙、偷竊或搶劫等不正當的手段獲得錢財，以購買毒品，造成嚴重的社會問題。

　　總而言之，吸毒除了損己之外，也間接的衍生許多家庭悲劇以及社會問題，因此奉勸年輕學子們遠離毒品。

　　在今日毒品氾濫的環境中遠離毒品的基本原則如下：

1. 養成規律的生活作息

　　經常熬夜、日夜顛倒等不規律的生活作息，會使自己生理時鐘錯亂、精神不濟，這時候同儕可能就會伺機慫恿你吸食毒品，以提振精神，而你也就在經常提神的過程中染上毒癮，所以養成規律的生活作息是遠離毒品的第一步。

2. 建立正當的情緒抒解管道

　　情緒低落、心情鬱悶沮喪、受到挫折以及壓力大時應尋求抒解、宣洩，而正當的抒解方法如看電影、聽音樂、散步、運動、找朋友傾訴等，絕不能因一時的空虛、鬱卒就想靠毒品來抒解，或者因一時的快樂、企圖放鬆自己、追求虛幻的情境等而接觸毒品，這反而會沉淪於毒品之中而無法自拔，甚至被歹徒威逼利誘而作姦犯科。

3. 建立正確用藥觀念

健康的身體和飽滿的精神，必須靠均衡的營養和適度的運動與休息，所以不要盲目地接受非醫生或藥師所提供的藥品，有病痛應找醫師，想用毒品來提振精神或治療病痛是絕對不可能的，那只不過是預支精力，透支生命的愚蠢行為罷了！

4. 不要因為好奇而以身試毒

千萬不要出自於好奇心，或自認意志過人、絕對不會上癮而以身試毒，好奇的去吸一口或打一針，否則絕對會應驗「一失足成千古恨」這句話。

5. 不涉足是非場所

根據統計，夜店、酒家、舞廳、電玩店、KTV 及 MTV 等場所，是吸毒者和販毒者最常出現的地方，販毒者往往會不擇手段地威脅或利誘青少年吸食、施打毒品，所以不要涉足是非場所。在不熟悉的場所中，應隨時提高警覺性、不隨便接受陌生人的飲料和香菸，以確保自身安全。

6. 堅決拒毒

毒品所傷害的是自己的健康、生命與尊嚴，嚴重影響家庭生活，也會造成社會問題，所以千萬不要礙於情面或講求義氣接受朋友的引誘與慫恿而接觸毒品，無論朋友如何勸說，要始終明確且堅定地勇敢說「不」（圖 4-65），不必做任何解釋，這樣才能擁有健康的人生和美好的未來。

▲ 圖 4-65 勇敢地向毒品說不

學習評量

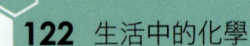

一、請在空格處填入適當內容

1. 在選購健康食品時應認明衛生福利部認證的①_____才比較有保障。

2. 一般口服藥品應以適量的②_____一起服用。

3. 嗎啡在醫學上可作為③_____劑。

二、簡答題

1. 常見的消炎劑有哪兩大類？

2. 何謂三高？

3. 常見的毒品可分為幾級？哪一級毒品是毒害最嚴重的？

三、學後心得

如果你從來沒接觸過毒品，當你學完這章有關毒品可能對身體造成致命的危害，也可能造成嚴重的家庭和社會問題，你會不會更堅決地遠離毒品？

Chapter 5 / 能源與化學

　　石油、煤、天然氣等的儲存量有限,因此我們除了應好好節省能源,也應增加石油、煤、天然氣之外的能源供給比例,如此才能確保能源的供應無虞,國家的各項發展也才不會受到影響。

　　電池是一種極為便利的電源,生活上隨處可看到它的蹤跡,但電池中大都含有重金屬等有毒物質,因此使用後如任意棄置,有毒物質將汙染環境,所以廢電池的回收、處理必須落實。

5-1　能源簡介

5-2　化石能源

5-3　其他能源

5-4　我國的新能源政策

5-5　節約能源

5-6　化學電池

學習評量

5-1 能源簡介

能源種類很多，有些來自於自然界，例如石油、天然氣、煤、風力、水力、太陽能、海洋能、地熱能、生質能等，其中風力、水力、太陽能、海洋能、地熱能和生質能為可再生能源，即取之不盡、用之不竭的能源，會自動再生。可再生能源又稱為綠色能源（潔淨能源），是指不排放汙染物的能源。有些能源則是由自然界產生的能源經轉換後所形成的，如汽油、柴油、電能等。

根據表 5-1 所顯示的民國 106 年我國各項能源供給所占百分比，可知我國目前使用的能源主要來自於石油、煤、天然氣、核能、生質能及水力等。

石油、煤、天然氣等的儲存量有限，終有枯竭的一天，因此我們除了應好好節省能源，增加石油、煤、天然氣之外的能源供給比例，同時研發新的能源，如此才能確保能源的供應不致中斷，國家的經濟發展和建設也才不會受到影響。而對於能源的開發、生產及使用過程所產生的環境汙染問題也應重視，並積極採取防範和處理措施。

▼ 表 5-1 民國 106 年我國各項能源供給所占百分比

項目	百分比（%）
原油及石油產品	48.48
煤及煤製品	30.19
天然氣	15.15
核能發電	4.44
生質能和廢棄物	1.09
水力發電	0.35
太陽光電及風力發電	0.22
太陽熱能	0.08

5-2 化石能源

化石能源就是石油、煤、天然氣。由表 5-1 可知化石能源在我國能源的供應上是何等的重要，化石能源除了可用來燃燒以供應能量之外，也可用來製造許多化學原料和日常生活用品。

一、煤

煤為古代植物由於地殼變動、洪水等天災，而被埋於地層下，經長期地熱、地壓及菌類之影響，逐漸碳化而成，煤之開採情形如圖 5-1。煤依碳化程度的不同可分為泥煤、褐煤、煙煤和無煙煤四種，泥煤含碳量最低，無煙煤含碳量最高，品質最好，燃燒時黑煙最少，放出的熱量最大。

煤主要作為火力發電廠、鋼鐵工廠、水泥工廠及鍋爐的燃料，也是許多化學原料的重要來源。

煤是目前地球上儲存量最大的化石燃料，價格又便宜，所以仍有不少煤用於工業上，但以煤為燃料，會產生煙塵、碳氧化物、二氧化硫等而造成大氣汙染，而產生的大量二氧化碳也使得溫室效應更為嚴重，也因此造成氣候異常。所以近年來各國已有逐年減少煤用量的共識與趨勢。台灣的煤現在都仰賴進口。

▲ 圖 5-1 煤之開採

二 石油

1. 石油的生成

石油是古代動植物因地殼變動而被埋於地下，長時間受到地熱、地壓和細菌等作用分解而成，它是一種混合物，由數百種化合物組成，主要成分為烴類，並含有少量氮、氧及硫的化合物，由油井開採出來的石油，稱為**原油**，為黑色黏稠狀液體（圖 5-2），其成分隨產地而略有不同。

2. 石油分餾的產物

經由一系列的製程將原油轉化成各種產物，稱為煉製，其中最基本的步驟是**分餾**，分餾就是將原油中的各種成分，藉著加熱的方法，把它們按沸點的高低一一分開來的過程（圖 5-3），在不同的溫度下分餾出來的產物，各有不同用途，詳如表 5-2。

▼ 表 5-2 石油分餾的產物、餾出的溫度及用途

產物	餾出的溫度（℃）	用途
石油氣	20 以下	家庭和工業燃料
石油醚	20～60	溶劑、乾洗劑
汽油	60～200	汽機車燃料、有機溶劑
煤油	175～300	航空燃料
柴油	25～400	重型車輛、小型船舶燃料
蠟油	>350	潤滑油、油墨、石蠟
瀝青		舖馬路、屋頂防水處理

▲ 圖 5-2 開採原油　　　　▲ 圖 5-3 分餾塔

石油氣主要成分為丙烷、丁烷，經壓縮液化後即為**液化石油氣**（LPG），先儲存在槽中（圖 5-4），如裝入鋼筒中儲存，即所謂的**桶裝瓦斯**（圖 5-5），可作為家庭和工業燃料。現在部分小客車、計程車也利用瓦斯來作為燃料（圖 5-6），加氣站如（圖 5-7）。

3. 92、95、98 **無鉛汽油**

汽油在汽車引擎中正常燃燒時會穩定的帶動引擎，使車子平穩的行駛，但如果燃燒不好，產生積碳，則會造成震爆，這除了使車子行駛不平穩之外，也會降低引擎動力，甚至使引擎受損。美國於 1927 年訂定汽油震爆程度的指標，稱為**辛烷值**，汽油的辛烷值愈高，表示汽油的震爆程度愈低。

為了提高汽油的辛烷值，以前化學家在汽油中添加四乙基鉛，這種汽油叫做含鉛汽油，含鉛汽油雖然震爆程度較低，但會造成嚴重的鉛汙染，因此世界很多國家，包含台灣，已全面禁止使用含鉛汽油。

▲ 圖 5-4 液化石油氣球形儲存槽

▲ 圖 5-5 桶裝瓦斯

▲ 圖 5-6 使用瓦斯的小客車（瓦斯桶置於後行李箱）

▲ 圖 5-7 加氣站

目前係在汽油中加入甲醇或甲基三級丁基醚來提高汽油的辛烷值,即降低震爆程度,而且不會造成鉛汙染,這種汽油叫做無鉛汽油。現在加油站出售的為 92、95 和 98 無鉛汽油（圖 5-8、圖 5-9）,其辛烷值分別為 92、95 和 98。

雖然高辛烷值的汽油,震爆程度低,但由於各類型汽車引擎結構不一,所以必須選用適合自己車子引擎的汽油,而不是使用辛烷值愈高的汽油就愈好。

三 天然氣

天然氣存在於砂石或岩層的下方,由地面鑿孔時,此混合氣體立即逸出,主要成分為甲烷及乙烷。天然氣無臭、無毒、低汙染且燃燒熱值高,是一種很好的燃料。目前天然氣大多作為大都會區的主要家庭燃料,也可用來燃燒發電和製造化學藥品。

目前國內天然氣產量不足,需仰賴進口（圖 5-10）,中油進口的**液化天然氣**（LNG）先儲存在高雄永安天然氣工廠（圖 5-11）,氣化後再以管線輸送到全省各地供各界使用。

▲ 圖 5-8 加油站出售的為 92、95 和 98 無鉛汽油

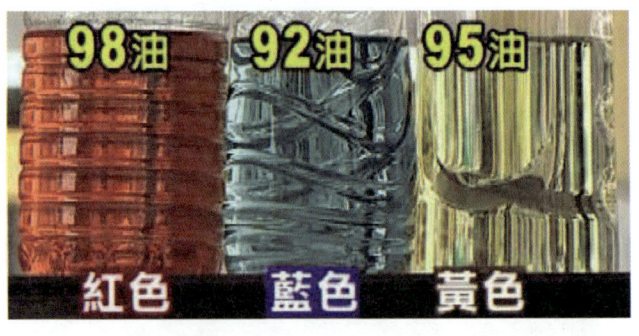

▲ 圖 5-9 92、95 和 98 無鉛汽油的顏色

▲ 圖 5-10 由國外進口液化天然氣

▲ 圖 5-11 液化天然氣儲存槽

5-3 其他能源

人類的生存和活動以及工廠的生產作業等，都需要消耗大量的能源，所以我們可以預見煤、石油、天然氣等化石能源終有耗盡的一天，加上這些化石能源燃燒時容易造成汙染，因此，積極研發替代的能源或增加可再生能源的使用比例，是刻不容緩的課題。

目前科學家致力發展和推廣的能源，主要有太陽能、風能、生質能、核能、水力能、海洋能、地熱能等，以下簡單介紹人類目前如何應用這些能源。

一、太陽能

太陽能是指太陽以光輻射方式，向四周發出的巨大能量，它是十分豐富的天然能源，取之不盡，用之不竭，所以好好的研究如何把到達地球的太陽能轉換成可用的能量，將是解決未來能源短缺的重要方法之一，太陽能的缺點是無法連續供應，而且在自然狀態下它僅能產生低溫，因此要想得到大量的熱能，必須把廣大地區的陽光集中於某點，再收集起來利用。

目前太陽能的直接利用可分為兩大方面：

1. 將太陽能轉變為熱能

太陽能熱水器就是以集光器直接吸收太陽能，再將熱量傳給水，所以只要日照充足，可減少家庭燃料費用的支出。太陽能發電廠則是利用反射鏡，將陽光匯集反射到中央集熱器，集中的熱能再用來使鍋爐內的水受熱而成為水蒸氣，進而發電（圖 5-12），台灣地處亞熱帶，中南部日照充沛，太陽能發電值得推展。

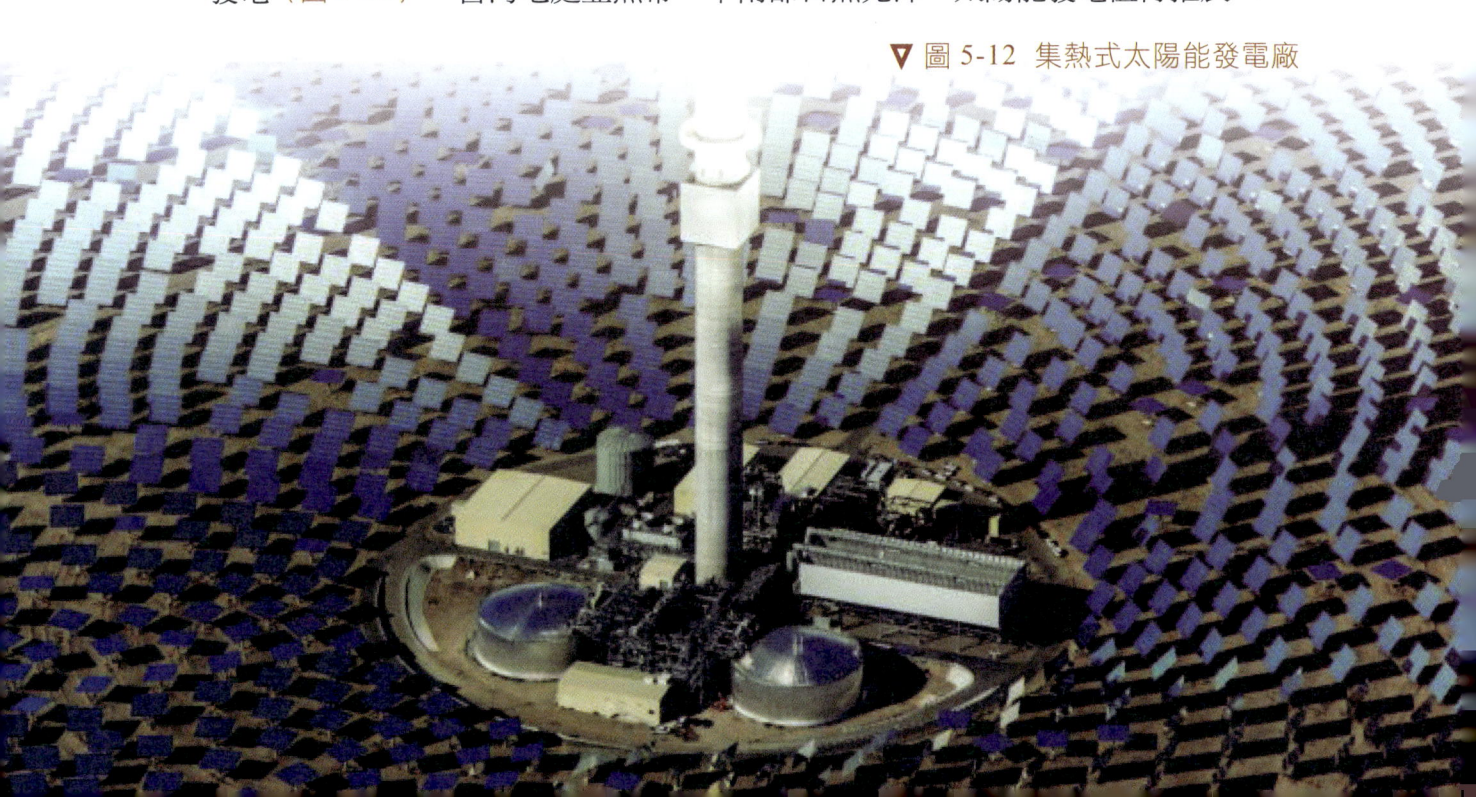

▼圖 5-12 集熱式太陽能發電廠

2. 將太陽能直接轉變為電能

太陽能電池是一種將陽光直接轉變成電力的裝置，從掌上型的電子產品，如部分的手錶、計算機和路燈，甚至通訊衛星、太空船，以及大型的發電廠都能應用它（圖 5-13、圖 5-14），另外研發多年的太陽能汽車、太陽能飛機、太陽能小船等，也是以太陽能轉換成的電能當動力的例子。

▲ 圖 5-13 太陽能手錶

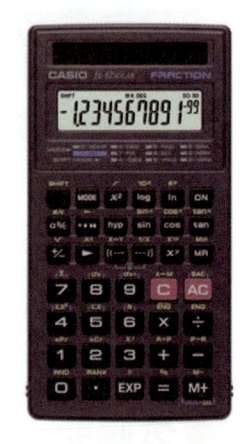

▲ 圖 5-14 太陽能計算機

風能

風力資源豐富，因此我們可以利用風力推動發電機來發電，又風力發電用的風車造價較低廉且無汙染，所以風能的利用值得推廣，目前台灣石門、大園、大潭、湖口、竹北、香山、竹南、後龍、高美、線西、麥寮、澎湖等都有陸域風力發電渦輪機的裝設（圖 5-15），但由於風力不穩定（冬天東北季風強勁，其餘季節風力較弱），在台灣，風力目前只做為輔助性能源。

近年來政府積極推動離岸風力發電，首座位於竹南外海的離岸風力發電機於民國 106 年投入運轉（圖 5-16）。經濟部又擬定了民國 106 年至 109 年的「風力發電 4 年推動計劃」，預定之後的離岸風力發電場址將設立於彰化、台中、雲林外海等。

▲ 圖 5-15 陸域風力發電渦輪機

▶ 圖 5-16 我國首座離岸發電機於民國 106 年投入運轉

三 生質能

生質能一般是指生物產生的有機物，例如含糖或澱粉的作物、藻類、農耕廢棄物和牲畜糞便等皆為有用的生質能，它們會吸收太陽能，然後經由化學反應而轉換成各種形式的能量。例如甘蔗或玉米經由化學反應可產生乙醇；牲畜的糞便經由發酵可產生沼氣（主要成分為甲烷），乙醇和沼氣皆可作為燃料。台北內湖垃圾焚化爐提供溫水游泳池的熱源；台北山豬窟、福德坑等垃圾掩埋場利用產生的沼氣來發電（圖 5-17），這些都是有效應用生質能的實例。

四 核能

核反應涉及原子核的分裂或融合，所放出的巨大能量就叫做**核能**，目前核能除用於軍事核武和醫學，在和平用途上，主要是用來發電，核能發電廠係以鈾為原料，利用核分裂釋出的能量將水加熱為水蒸氣，再利用高壓水蒸氣來推動渦輪機，進而帶動發電機產生電力（圖 5-18），國內核能發電僅次於火力發電，是主要的電力來源之一，但已逐年在降低核能發電量。

核能最大的優點是只要很少的燃料就能放出大量的熱，是屬於高效率的能源，且不會產生二氧化碳，但在核反應過程中，需引入大量海水來降低反應爐的溫度，然後又把冷卻水排入海中，使附近海域生態大受影響。另外，核反應也會產生放射性物質和輻射線，因此，如果沒有完善的防護設施，以及對核能廢料做妥善處理，都將造成嚴重環境汙染，所以在發展核能的同時，對於可能造成的汙染和危害應加以防範和妥善處理。

▲ 圖 5-17　福德坑垃圾掩埋場利用產生的沼氣來發電

▲ 圖 5-18　核能發電廠

▲ 圖 5-19 水力發電廠

▲ 圖 5-20 葡萄牙的商用波浪發電廠

▲ 圖 5-21 法國的郎斯潮汐發電廠

五 水力能

當水由高處傾瀉而下時，它的位能會減少，這些減少的位能會轉換成動能，這就是所謂的**水力能**，水力發電廠即利用水力能來推動渦輪機，進而帶動發電機產生電力（圖 5-19）。水力發電成本較低，較不會造成環境汙染，而且水力發電用的水壩兼具蓄水、防洪、養殖、觀光以及提供民生用水等功能。但台灣河川短促、雨量分配不均，再加上找尋適合的地點來蓋水壩實屬不易，又構築水壩往往會破壞河川原有的生態環境，所以水力能的開發有其限制。

六 海洋能

海洋中蘊藏著相當豐富的能源，此即所謂的**海洋能**，諸如潮汐、波浪、海水溫差等能源，且大都未積極開發，再加上海水取得方便又無汙染，所以如能善加利用，將是很重要的一種能源，海洋能的應用如下：

1. 波浪發電

波浪發電是利用波浪上下震動的力量，來壓縮空氣並吸入空氣，進而推動渦輪機，帶動發電機而發電，在國外波浪發電已應用在商業電力系統（圖 5-20），台灣沿海波濤洶湧，利用波浪發電應該是可行的。

2. 潮汐發電

潮汐發電是利用海水漲落的力量來推動渦輪機，進而帶動發電機發電（圖 5-21）。潮汐發電廠目前在法國、加拿大、俄羅斯和大陸皆有，台灣沿海的淺海海灣和河口等的潮差較小，並不適合發展潮汐發電。

3. 海水溫差發電

　　海水溫差發電是利用表層海水和深層海水之間溫差所含有的能量來進行發電（圖 5-22）。台灣東部沿海有黑潮通過，表層海水的溫度在 25℃ 以上，而離岸邊不遠的海溝，在水深 800 公尺處的海水溫度僅約為 5℃，適合發展海水溫差發電，但目前需克服的是深海管路的鋪設等技術問題。

七 地熱能

　　地熱能是指地球內部所儲存的熱量，地熱發電是利用地下的高壓、高溫水蒸氣來推動渦輪機，進而帶動發電機發電（圖 5-23），由於地熱發電不受天候影響，可以穩定的維持發電能力，又由於發電時不需要燃料和運輸，也不會造成環境汙染，因此在地熱資源豐富的地區推展地熱發電是可行的。一直到民國 70 年，台灣才在宜蘭清水建立地熱發電廠，後來因地熱衰滅，民國 82 年底停止運轉。台灣地熱資源雖然豐富，但地點較分散，且溫度較低，又部分地區有水的酸性太強及交通問題，所以台灣未來地熱開發應朝遊憩、輔助發電的目標做整體規劃。

▲ 圖 5-22　美國夏威夷的海水溫差發電廠

▲ 圖 5-23　冰島的地熱發電廠

5-4 我國的新能源政策

一 政策目標

為因應國內外政經情勢及能源環境的快速變遷與挑戰，兼顧國際減碳承諾，政府於民國 105 年啟動能源轉型與電業改革政策，以民國 114 年達成非核家園願景及可再生能源發電占比 20%、天然氣發電占比提高至 50%、燃煤發電占比降低至 30% 為努力目標。

二 具體措施規劃

為達成民國 114 年非核家園，政府啟動能源轉型及電業改革，採取創能、節能、儲能及智慧系統整合等具體策略。

1. **創能**：積極多元創能，促進潔淨能源發展。
   (1) 可再生能源：由民國 106 年發電量占比 4.6%，於民國 109 年提高至 9%，並於 114 年達成 20% 目標，採取分期發展，逐步帶動國內綠能產業發展。
   (2) 火力發電廠：加速完成天然氣接收站及輸儲設施之增（擴）建，逐步擴大天然氣使用，並逐步降低燃煤發電占比。

2. **節能**：以政府帶領、產業響應、全民參與，共同節能並促進低碳能源轉型。

3. **儲能**：加速布局電網儲能，強化電網穩定度。
   儲能是指電能的儲存，即在電網負荷低的時候儲能，在電網負荷高的時候輸出能量，換言之，用於削峰填谷，減輕電網的波動。

4. **智慧系統整合**：推動智慧電網與智慧電表佈建。
   (1) 智慧電網：即利用資訊及通訊科技，偵測與蒐集供應端的電力供應狀況，與使用端的電力使用狀況，再用這些資訊來調整電力的生產與輸配，以達到節約能源、降低損耗和增強電網的可靠性為目的。
   (2) 智慧電表：可精確的標示出用電量，並透過網路上傳資訊回電力公司，用以協助電源管理、電費管理、故障管理等，使電力公司的營運更有效率。智慧電表佈建是以低壓用電大戶及都會人口密集區域為優先（圖 5-24）。

▲ 圖 5-24 智慧電表

5-5 節約能源

我們日常生活上樣樣都離不開能源，如冷氣需要用電，交通工具要用汽油，其他活動也會用到各式的能源，而大量消耗能源將使人類面臨嚴重的能源短缺問題，另外，能源的開採、加工和轉換等過程也會影響生態，當然也對環境造成汙染，更會致使全球暖化的程度越來越嚴重。換言之，再這樣下去，我們將會面臨極端氣候的摧殘，進而導致無法生存的命運。

所以大家應節約能源、提高能源使用效率以減少碳排放量，一起做環保，也期盼在大家的努力下，有朝一日，我們可以重新擁有資源豐富且美麗的地球。

日常生活中節約能源的方法簡述如下：

1. 隨手關燈及關掉不使用的電源，以節約能源。
2. 少開冷氣多開窗戶。開冷氣時溫度控制在 26-28°C，不要把溫度調得太低。使用冷氣時，要關上門窗，防止冷氣流失。定期清洗冷氣濾網。此外，還可以安裝節能窗或使用更好的隔熱材料，進一步減少能源浪費。
3. 把傳統的白熾燈換成新型節能燈具，雖然新型節能燈具的價格較高，但耗電量低，長遠來看，反而可以節省家庭開支。
4. 多搭乘大眾運輸工具或騎自行車上學、上班，並自備水壺、環保餐具、手帕及購物袋等（圖 5-25、圖 5-26）。

▲ 圖 5-25 多搭乘大眾運輸工具上學上班

5. 夏天淋浴時儘量少用熱水。減少熱水用量能減少水和能源的消耗量，也能節省家庭開支。
6. 在選購電器時，切記要參考電器上的能源效益標籤（圖 5-27），數值越小，能源效益越高，相對地耗用的電力也較少，可以達到節省能源的目的。

總之，我們無法控制能源的價格，也無法阻止能源生產過程和能源使用過量對環境造成的破壞，但我們仍然可以盡一份心力，明智和節制的使用能源。

▲ 圖 5-26 騎自行車上學、上班

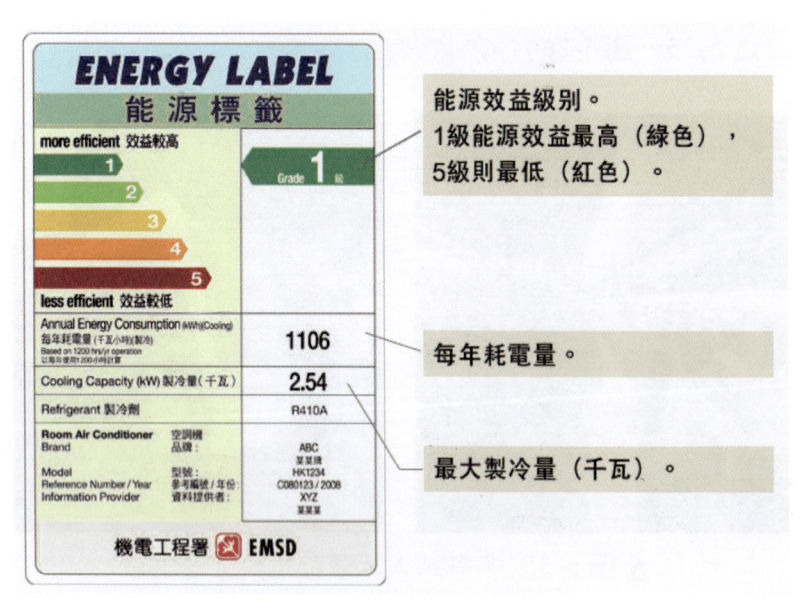

▲ 圖 5-27 能源效益標籤

5-6 化學電池

化學電池是科學家為了克服電能無法直接儲存的問題，而精心設計出來的裝置，本節將介紹化學電池的原理、種類、性能、用途和其廢棄汙染問題。

一 化學電池的原理

化學電池簡稱**電池**，它是利用物質之間的氧化還原反應來產生電流的裝置，換句話說，它是一種將化學能轉換成電能的裝置。

化學電池用途廣，攜帶又方便，與我們日常生活關係密切，諸如汽機車、手機、隨身聽、電子錶、刮鬍刀、照相機、玩具、精密儀器等，無一不使用電池當能源。

二 化學電池的種類

電池可大分為兩類，一為使用後不能充電，必須丟棄的拋棄式電池，又稱為**一次電池**，例如乾電池、鹼性乾電池、水銀電池等，另一類則為使用後可經由充電再繼續使用的可充電式電池，又稱為**二次電池**，例如鉛蓄電池、鎳鎘電池等，詳如表 5-3。

▼ 表 5-3 化學電池的種類

一次電池	二次電池
乾電池 鹼性乾電池 水銀電池 一次鋰電池	鉛蓄電池 鎳鎘電池 二次鋰電池 鎳氫電池 燃料電池

1. 乾電池

乾電池是以鋅皮筒為陽極，碳棒為陰極，兩極間以糊狀的氯化銨、氯化鋅與二氧化錳的混合物作為電解質。

乾電池的電壓為 1.5 伏特，若欲獲得更高的電壓，可以將數個乾電池串聯。乾電池主要優點為攜帶方便、價廉，缺點則為壽命短，且電壓不穩，一般用於電力消耗較小的用品，近年來有被鹼性乾電池取代的趨勢，乾電池的外觀如圖 5-28（面對圖由左至右分別為 1、2、3、4、5 號及 9V 電池）。

▲ 圖 5-28 乾電池

2. 鹼性乾電池

鹼性乾電池是以凝膠狀鋅為陽極，二氧化錳為陰極，氫氧化鉀的糊狀物為電解質。

鹼性乾電池的電壓為 1.54 伏特，與一般乾電池比較，電量較大，使用時間較久，且電壓較穩定，缺點為壽命也不長，所以一般用於電力消耗小的用品，鹼性乾電池的外觀如圖 5-29。

▲ 圖 5-29 鹼性乾電池

3. 水銀電池

水銀電池以凝膠狀鋅為陽極，氧化汞為陰極，氫氧化鉀的糊狀物為電解質。

常見鈕扣形水銀電池的電壓為 1.35 伏特，其優點為電壓穩定、重量輕、保存期限較長，所以常用在較精密的儀器上，如照相機、電子錶、助聽器等，缺點是會造成水銀汙染，因此逐漸被銀電池取代，水銀電池的外觀如圖 5-30。

▲ 圖 5-30 水銀電池

4. 鉛蓄電池（鉛酸電池）

鉛蓄電池俗稱電瓶，是一般汽機車中最普遍使用的蓄電池，它可以經由充電而反覆使用，鉛蓄電池以鉛為陽極，二氧化鉛為陰極，兩組電極板交互排列，浸於稀硫酸溶液的電解質中。非密封式鉛蓄電池（傳統型），需保持液面高度，不足時需加蒸餾水，而密封式鉛蓄電池，外殼密封，不需也不能加水。

使用一段時間後，鉛蓄電池的電流會逐漸減弱，甚至於失去作用，這個時候就必須進行充電。而鉛蓄電池有其使用的壽命期，大約 2 年左右就需更換。

鉛蓄電池的電壓為 2 伏特，通常汽車上使用的電瓶是由 3 至 6 個鉛蓄電池串聯而成，每組電瓶的電壓可達 6 至 12 伏特。除了用於汽機車之外，鉛蓄電池也常用於海上船舶照明、流動攤販照明、以及電報、無線電和其他需要直流電的器材，密封式鉛蓄電池的外觀如圖 5-31。

▲ 圖 5-31 密封式鉛蓄電池

5. 鎳鎘電池

鎳鎘電池是以鎘為陽極，鹼式氧化鎳為陰極，氫氧化鉀的糊狀物為電解質。

鎳鎘電池的電壓為 1.2 伏特，其最大優點為體積小、使用壽命長且電流、電壓穩定，因此常用於攜帶式的電子產品，如手提電腦、手機、無線電話、照相機、攝影機、電鬍刀等，缺點為記憶效應較大、價格高，且易造成鎘汙染，鎳鎘電池的外觀如圖 5-32。記憶效應是指充電式電池在多次沒有完全放電的情況下又被充滿電時，會導致電池蓄電量減少的現象。

圖 5-32 鎳鎘電池

6. 鋰電池

鋰電池有一次鋰電池和二次鋰電池兩種，現以二次鋰電池為例，它是以碳為陽極，鋰合金氧化物為陰極，有機溶劑為電解質。

鋰電池的電壓為 3.6V，優點為體積小、重量輕、可重複充電使用、可儲存較高電能、使用溫度範圍大以及沒有記憶效應，缺點為價格高，又由於電解質為可燃性的有機溶劑，過度充電可能導致燃燒、爆炸的危險，所以電池組及充電器中要有防護裝置，二次鋰電池的外觀如圖 5-33。

▲ 圖 5-33 二次鋰電池

7. 鎳氫電池

鎳氫電池以吸附氫的合金為陽極，氧化鎳為陰極，氫氧化鉀的糊狀物為電解質。

鎳氫電池的電壓為 1.2V，因此一個 3.6V 或 6V 的手機電池，內部由 3～5 顆鎳氫電池串聯而成，優點為幾乎沒有記憶效應，且可重複充電使用，相較於鋰電池，有較低的價格，較高的安全性，充放電所需的控制也較簡單，鎳氫電池的外觀如圖 5-34。

▲ 圖 5-34　鎳氫電池

8. 燃料電池

燃料電池是將燃料中的化學能直接轉變成電能的裝置，種類很多，常見的為**氫－氧燃料電池**，以覆蓋鎳粉的多孔性碳板為陽極，覆蓋鎳、氧化鎳粉的多孔性碳板為陰極，75% 的氫氧化鉀溶液為電解質。

使用這種電池時，溫度須保持在 200℃，由陽極通入氫氣，陰極通入氧氣，氫氣和氧氣反應會產生電能和水，此反應所產生的電壓約為 0.7 伏特，如果不斷的通入氫氣和氧氣，可得源源不斷的直流電，而且所產生的水蒸氣經冷凝後可供飲用，再加上能量轉換效率高、安靜，且無汙染環境之隱憂，因此是一種值得推廣的電池。

燃料電池目前除用於太空船之外，也應用在地下指揮所中，除了可供應所需要的電力外，發電所產生的副產物純水，可提供人員飲用。使用燃料電池的公共汽車也已經在世界各地行駛（圖 5-35），這種車輛產生的汙染物很少，排氣管排放的大多數是水蒸氣。日本已開發出以燃料電池發電的筆記型電腦。燃料電池在德國，被用作潛水艇的動力。我國業者則將氫氧燃料電池運用在電動自行車上。燃料電池加氣站如圖 5-36。

▲ 圖 5-35 以燃料電池為動力的公共汽車

▲ 圖 5-36 燃料電池加氣站

三 廢棄電池的汙染問題

1. 常見電池中的有毒物質

有些電池中含有重金屬等有毒物質，詳如表 5-4，使用後如未妥善回收、處理，廢棄電池中所含的有毒物質將會汙染我們生活的環境，且會使人類和其他生物受到危害，因此大家必須正視和落實廢電池的回收。

▼ 表 5-4 常見電池中的有毒物質

電池種類	有毒物質
乾電池	鋅、錳
鹼性乾電池	鋅、錳
水銀電池	鋅、汞
鉛蓄電池	鉛、硫酸
鎳鎘電池	鎳、鎘

2. 廢電池的回收管道

養成良好的廢電池回收習慣，對環境維護盡一份心力，從手機、相機、遙控器、手電筒、玩具、隨身聽、電子鐘、手錶等取下的廢電池，不要扔進垃圾桶，找一個空盒或空罐存放，等累積到一定數量時，就可以拿到以下的廢電池回收點去回收（圖 5-37）：

資源回收車　　　　　　　　　量販店業

超級市場業　　　　　　　　　連鎖便利商店業

連鎖化妝品業　　　　　　　　攝影器材業

無線通信器材業　　　　　　　交通場站便利商店業

▲ 圖 5-37　廢電池回收點

有些廢電池回收點可以兌換商品抵用金、折抵消費或購物優惠等，所以送去回收站前先問清楚。廢鉛蓄電池則可交由鉛蓄電池販賣業者、汽機車維修廠和機電行等回收。

四 手機充電和手機電池使用時應注意事項

1. 新手機不用充電八小時：
   現在手機大部分使用的是鋰電池，已不再有記憶效應問題，所以新手機不用充電八小時，充滿電即可正常使用。

2. 手機應適時的充電，以保持有電的狀態：
   別讓電池的電力耗盡，因為這將導致電池電壓過低而形成冬眠狀態，無法再充滿電，也將使電池提早報廢，所以當電池耗弱而自動關機時，那是在保護你的電池，可別又把電源打開，總之，適時充電，使電池保持有電的狀態是很重要的。

3. 手機應避免過度充電：
   優良的電池本身會有充滿電自動停充的設計，以確保不超過安全電壓（過充）而導致電池爆炸，但一些廉價的電池或充電器「有可能」沒有這樣的防護設計，所以電池充電時，充滿就把它拿下來，不要一直放在充電器上，因為這還是有風險，因此最好不要整夜充電。

4. 要使用與自己手機匹配且原廠的充電器和數據線，手機充電器的輸出電流，從 1A 到 2.5A 不等，而且數據線的載流量也不同，因此不可隨意更換充電器以免手機受損。

5. 不要邊用手機，邊充電（圖 5-38），因為如重度使用（玩遊戲、看影片等），過程中的高溫、高熱會導致電池和手機受損。邊用手機，邊充電理論上，手機（電池）是不會爆炸的，之所以會產生爆炸，主要原因是手機本身電路設計有問題，充電時造成短路，也因此瞬間產生大量電流，溫度驟升，電池劇烈膨脹，所以就爆炸了，當然使用非原廠的電池、充電器和數據線也會增加手機（電池）爆炸的風險。

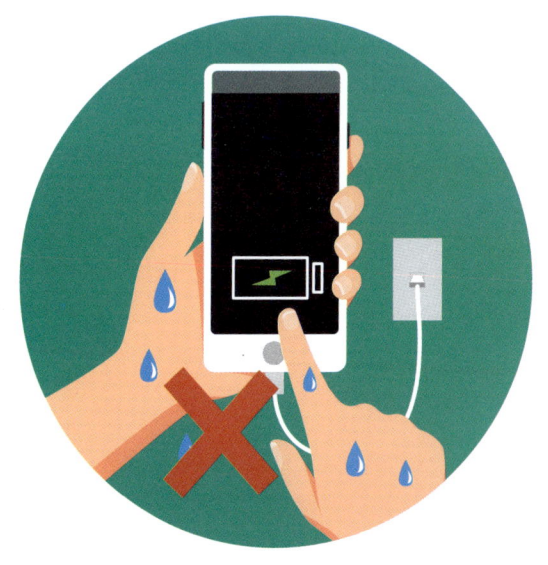

▲ 圖 5-38 不要邊用手機，邊充電

6. 充電時遠離身體及易燃物。

7. 避免在車上充電。

8. 電池有一定的使用壽命：
電池除了會隨著環境差異（高溫、潮濕）、充電次數而影響本身的壽命之外，電池也有自己的壽命期。當到達一定時間後，只要電力開始衰退就應考慮更換，一般而言，電池的壽命大約只有三年。

9. 電池要避免熱和摔：
熱會使電池受損，如果手機悶在封閉式的保護套裡面，而在充電的過程中無法有效釋放熱量，將使得電池因為熱量聚集而產生膨脹，這種情形建議直接更換電池，所以應儘量避免過度包覆以及使用不透氣的皮套，並且要避免手機直接曬太陽。當然重摔也會損壞電池，所以應小心使用。

10. 雖然你每天都在用軟體清理手機垃圾，但絕對沒有關機、重開機來得徹底，所以隔一段長時間應關機重啟動一次，除可清除不要的資料外，也可減輕電池的負載。

學習評量

一、請在空格處填入適當內容

1. 無鉛汽油的顏色

種　類	顏　色
92 無鉛汽油	①
95 無鉛汽油	②
98 無鉛汽油	紅色

2. 一次電池或二次電池

電池種類	一次電池	二次電池
鉛蓄電池		○
水銀電池		
乾電池		
鎳氫電池		
鹼性乾電池	○	

二、簡答題

1. 何謂化石能源？

2. 何謂燃料電池？

3. 你知道有哪些地方在回收廢電池嗎？

三、學後心得

以前你在手機充電時會不會留意到書上提到的這些應注意事項？

筆記欄 MEMO

Chapter 6 / 材料與化學

　　我們日常生活中所使用的材料,種類琳瑯滿目,諸如金屬、塑膠、橡膠、玻璃、陶瓷、磚瓦,還有運動場地、運動與休閒用品材料以及高科技產業所使用的材料等,這些無不是經由化學等方法處理得到的,所以說材料與化學有極為密切的關係。

6-1　金屬材料

6-2　高分子材料

6-3　含矽材料

6-4　運動場地、運動與休閒用品材料

6-5　高科技產業常用的材料

學習評量

6-1 金屬材料

金屬的種類繁多，現僅介紹常見且重要的幾種：

1. 不鏽鋼

　　將鐵中的雜質和部分的碳去除，使碳含量大約在 0.1～1.5%，藉以改良鐵的機械強度和物理性質，這種產物叫做鋼，在鋼中加入鉻和鎳，就形成所謂的**不鏽鋼**，不鏽鋼並非完全不生鏽，相對於碳鋼等其他鋼材而言，較不易生鏽。

　　市面上常見的不鏽鋼大多以 304、316、430 為主，其中 304 更是佔了所有不鏽鋼的 70%，常用於製造食品、機械用具（圖 6-1），也常用於建築上，316 價格較為昂貴，通常用於製造高級用具、醫療器材，也常使用在鹽水環境下，430 則較為廉價但硬度足夠，適合製造刀叉、剪刀等。

2. 鋁

　　鋁易傳熱，因表面易與空氣中的氧氣化合生成氧化鋁保護薄膜，而不易被腐蝕且無毒性，常用做烹飪器具、傢俱、門窗（圖 6-2）；展性大，可捶成鋁箔，供烹飪、包裝之用；易導電且延性大，可用於製造電纜線及電器用品；質輕，可用於製作各種容器。鋁合金則可應用於航太、汽車等工業。

3. 銅

　　銅的導電、導熱性和延展性都很好，因此常用於製造電纜線和其他用來導熱的器材，銅合金則可用於製作槍砲彈殼、器具、樂器、裝飾品等（圖 6-3）。

▲ 圖 6-2 鋁門窗

▲ 圖 6-1 不鏽鋼餐具

▲ 圖 6-3 銅合金樂器

6-2 高分子材料

高分子材料為分子量高達數萬或數十萬以上的化合物，種類非常多，用途也非常的廣，目前台灣高分子業已著重在資訊、通訊、微電子元件、醫用以及節能環保等高分子材料的研究發展上。高分子材料包含合成纖維、合成塑膠和合成橡膠等，合成纖維已在第 2 章介紹過，此節僅簡單介紹合成塑膠和合成橡膠。

一 塑膠

1. 常見的塑膠

塑膠質輕，不溶於水，耐酸鹼，加熱後可任意塑造成各種形狀，且近年來研發出的塑膠新產品功能愈來愈強，因此到處可見塑膠製品。

塑膠是由石油化學工業的產品，如乙烯、氯乙烯、丙烯等小分子聚合而成，一般可分熱塑性塑膠和熱固性塑膠兩大類，加熱之後會變軟，成型、冷卻後變硬，加熱可再軟化的塑膠，稱為**熱塑性塑膠**，但如加熱軟化、成型、冷卻硬化後，加熱無法再軟化的塑膠，則稱為**熱固性塑膠**。

塑膠的種類非常多，今僅舉生活中較常見的幾種，詳如表 6-1。

▼ 表 6-1 常見的塑膠

類別	塑膠名稱	性質	用途
熱塑性塑膠	聚乙烯（PE）	1. 為最簡單的塑膠，質輕、不耐熱。 2. 製造時由於反應條件的不同而有兩種不同的產品，一為高密度聚乙烯（HDPE），熔點較高，質地較硬，多半不透明。另一種為低密度聚乙烯（LDPE），成半透明，較有彈性。 3. HDPE 軟化點約 120℃，LDPE 軟化點約 60℃。 4. 以聚乙烯容器或塑膠袋裝熱的食品時應考慮其耐熱性。	HDPE 用於製造玩具、容器、注射筒等（圖 6-4）。LDPE 用於製造塑膠袋、保鮮膜、塑膠布、塑膠軟管等（圖 6-5）。

類別	塑膠名稱	性質	用途
熱塑性塑膠	聚丙烯（PP）	強度、熔點都較聚乙烯高，熱穩定性好，質硬耐磨、耐壓。	用於製造杯皿、容器、地毯、塑膠繩、插座、汽車喇叭、保險桿、鞋跟、人工草皮、塑膠椅、農用塑編袋（圖 6-6、圖 6-7）等。
	聚氯乙烯（PVC）	1. 質地硬而脆、電絕緣性佳、不易燃、易加工。 2. 受熱會釋出未聚合的有毒氯乙烯，因此聚氯乙烯塑膠袋不可用來盛裝食品。	用於製造硬質水管、水管接頭、雨傘、玩具、塑膠袋、信用卡、塑膠地磚、電線外皮等（圖 6-8、圖 6-9）。
	聚苯乙烯（PS，保麗龍）	1. 易著色，加入發泡劑，質量變輕，隔熱、絕緣性更好，稱為保麗龍。 2. 容易被有機溶劑溶解。	用於建築隔音、包裝材料和隔熱材料等（圖 6-10、圖 6-11）。
	聚四氟乙烯（鐵氟龍）	質軟、熔點高、絕緣性佳、抗腐蝕性為所有塑膠之冠。	可塗覆在鍋上形成不沾鍋（圖 6-12），或用於製造襯墊、絕緣體、膠帶、軸承等（圖 6-13）。
	聚甲基丙烯酸甲酯（壓克力）	耐日曬雨淋，硬度、強度高，透明性好。	用於製造廣告招牌（圖 6-14）、裝飾板、義眼（圖 6-15）、警示燈外殼等。壓克力義眼比傳統玻璃義眼舒適，且不易破裂，義眼的安裝可刺激淚管使發揮功能，並產生防腐液，保護眼窩不受感染。
	聚對-苯二甲酸二乙酯（PET）	透明性好、強度高、張力大。	用於製造寶特瓶（圖 6-16、圖 6-17）等。
熱固性塑膠	酚甲醛樹脂（電木）	質輕、質硬、易成型、耐熱、防水、抗酸鹼且絕緣性佳。	用於製造電器插座、開關、文具、電話、鍋和鏟的把手、門的把手等（圖 6-18、圖 6-19）。
	三聚氰胺樹脂（美耐皿）	抗水性和耐熱性佳、不易燃燒、堅硬、易著色。	用於製造餐具，也用於建築業（圖 6-20、圖 6-21）。

Chapter 6 ｜材料與化學 151

▲ 圖 6-4　HDPE 塑膠桶

▲ 圖 6-5　LDPE 保鮮膜

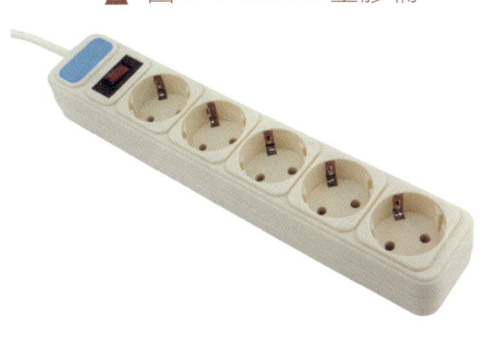

▲ 圖 6-6　聚丙烯插座

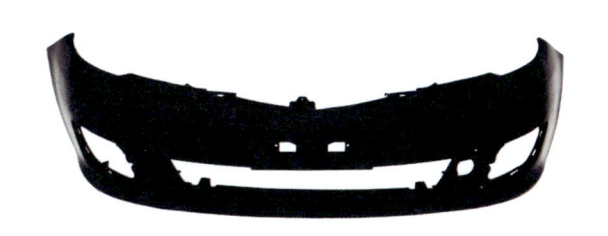

▲ 圖 6-7　聚丙烯汽車保險桿

▲ 圖 6-8　聚氯乙烯水管接頭

▲ 圖 6-9　聚氯乙烯雨傘

▲ 圖 6-10　保麗龍包裝材料

▲ 圖 6-11　聚苯乙烯隔熱板

▲ 圖 6-12　鐵氟龍鍋具

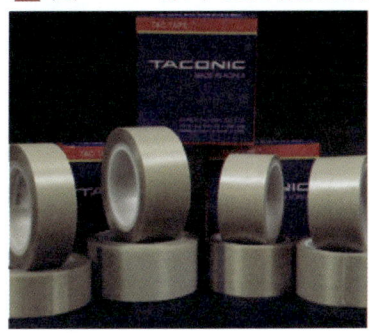

▲ 圖 6-13　鐵氟龍高溫膠帶

▲ 圖 6-14 壓克力廣告招牌

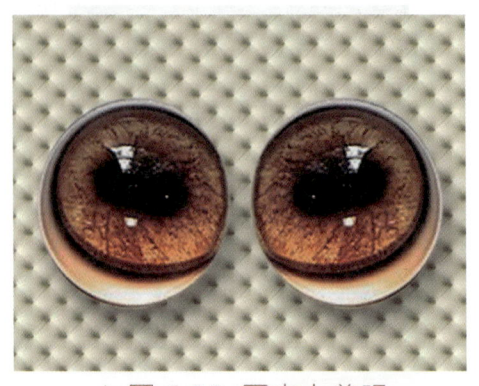

▲ 圖 6-15 壓克力義眼

▲ 圖 6-16 碳酸飲料寶特瓶

▲ 圖 6-17 食用油寶特瓶

▲ 圖 6-18 咖啡壺的電木把手

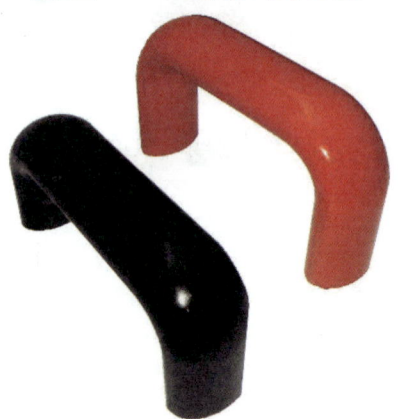

▲ 圖 6-19 門的電木把手

▲ 圖 6-20 美耐皿餐具

▲ 圖 6-21 三聚氰胺多層板

2. 特殊的塑膠

（1）可以溶於水的塑膠

聚乙烯醇是水溶性的，可以用來製造水溶性塑膠袋，這種塑膠袋可用來裝已遭受或可能遭受細菌感染的衣物，如醫院裡病人穿過的衣服、床單、棉被等，直接丟入洗衣機中用熱水洗（圖 6-22），由於塑膠袋會溶於熱水中，因此衣物會散開而被洗淨。它也可以用來裝農藥等有毒的固體藥品，等要用時直接丟入水中溶解即可，如此可減少農人秤取藥品時，因接觸藥品而中毒的危險性。另外，也可以用來裝遛狗時的狗屎，然後丟棄在公廁馬桶。土葬、海葬的骨灰也可用這種塑膠袋來承裝。

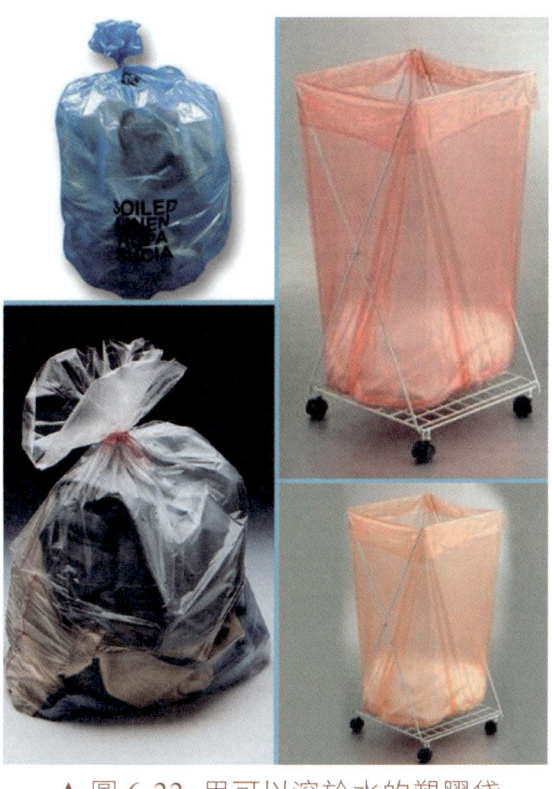

▲ 圖 6-22 用可以溶於水的塑膠袋裝髒的衣服

（2）超級吸水的塑膠

聚丙烯酸鈉是一種超級吸水的塑膠，主要用於製造尿布和衛生棉（圖 6-23）。

▲ 圖 6-23 聚丙烯酸鈉製成的尿布

（3）可以分解的塑膠

為了解決塑膠所帶來的環境汙染問題，化學家把**光催化劑**或細菌喜歡吃的**澱粉**、**黃豆**、**蔗糖**等加入塑膠中，加入光催化劑的塑膠，經日照一段時間後，會被分解成小分子；而加入澱粉等物質的塑膠，經長時間掩埋後，也會被細菌分解成一段一段的，可以降低對環境的汙染（圖 6-24）。

▲ 圖 6-24 在高溫潮濕環境下細菌可將塑膠分解

另外有一種在歐美稱為可堆肥塑膠，例如**聚乳酸塑膠**，它是從玉米提煉的葡萄糖，經過發酵後，萃取出乳酸，再將乳酸聚合而成，靠微生物進行分解後可變成有機質、二氧化碳跟水，這才算真正生物可分解的塑膠，聚乳酸塑膠

△ 圖 6-25 聚乳酸塑膠製成的杯蓋

可製造容器、雞蛋盒、衣服和外科手術用縫合線等（圖 6-25），外科手術用縫合線在體內能夠分解為無毒的乳酸，因此開完刀後可不用拆線。

目前市面上販賣的含分解性塑膠的產品有尿片、手套、容器、原子筆外殼、牙刷、魚網、雨衣、塑膠袋、堆肥袋、遮光網、蔬果袋等。

3. 塑膠的代碼

美國塑膠工業協會將塑膠編上 1～7 的代碼，以利於塑膠的分類、回收與再利用，詳如表 6-2。

▼ 表 6-2 美國塑膠工業協會塑膠的代碼

代碼	材料	各種成品
1	PET（保特瓶）	
2	HDPE（高密度聚乙烯）	
3	PVC（聚氯乙烯）	
4	LDPE（低密度聚乙烯）	
5	PP（聚丙烯）	
6	PS（聚苯乙烯）	
7	（其他類）	

橡膠

橡膠有天然橡膠和合成橡膠兩類，這節介紹合成橡膠，合成橡膠種類很多，現僅列出較常見的幾種：

1. 苯乙烯－丁二烯橡膠

苯乙烯－丁二烯橡膠（SBR），抗磨擦、抗損性都比天然橡膠好，而且抗油性強，常用於製造汽車輪胎、橡皮管、運動鞋跟、運動用品、膠帶、輸送帶等（圖 6-26）。

2. 丁基橡膠

丁基橡膠不受氧與臭氧的氧化，氣體對它的滲透也十分不易，所以用於製作籃球的內胎、膠帶、車窗和門窗的填縫材料以及真空設備的零件等（圖 6-27）。

3. 紐普靭橡膠

紐普靭橡膠又稱新平橡膠，具有抗日曬、抗氧化、抗油性、不易燃燒等特性，通常用於製作輸油管、汽車配件、家電避震橡膠零件和抗氧化抗腐蝕的的密封零件等（圖 6-28）。

▲ 圖 6-26 苯乙烯－丁二烯橡膠輪胎　▲ 圖 6-27 丁基橡膠雙面防水膠帶

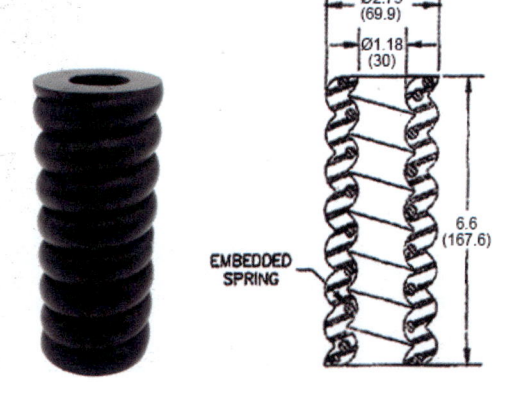

▲ 圖 6-28 新平橡膠家電避震彈簧

6-3 含矽材料

一 玻璃

1. 常見的玻璃

玻璃是一種質硬的混合物，無明確熔點。玻璃隨著種類不同，成分略有差異，但通常都是由二氧化矽（矽砂）、鹼金屬或鹼土金屬的氧化物和其他添加物，經高溫熔化而成，用途很廣，表 6-3 列出各種玻璃的特性以及用途。

▼ 表 6-3 各種玻璃的特性以及用途

玻璃名稱	特性	用途
石英玻璃	耐酸、軟化溫度高、熱膨脹係數小、可透過紫外線、價格高。	一般用於製造物理、化學實驗器具（圖 6-29）。
鈉玻璃（普通玻璃、軟玻璃）	質軟、耐熱度低、抗化學藥品侵蝕的能力較弱、價廉。	製造平板玻璃、玻璃杯、玻璃器皿等。
鉀玻璃（硬玻璃）	與鈉玻璃比較，質較硬、熔點高、抗藥性較強、熱膨脹係數較小。	製造化學儀器、裝飾品。
鉛玻璃（水晶或光學玻璃）	質軟、易琢磨、對光的折射率大，外觀上具有如水晶般的透明與光澤而得水晶玻璃之名。	製造稜鏡、透鏡、光學儀器、藝術品（圖 6-30）。
硼玻璃（派熱司玻璃）	質硬且耐溫度之急變、熱膨脹係數小、耐熱度高、抗化學藥品侵蝕的能力較強，可直接加熱。	製造硬質的化學儀器、光學儀器、燈泡、溫度計、高級烹飪器皿（圖 6-31）。

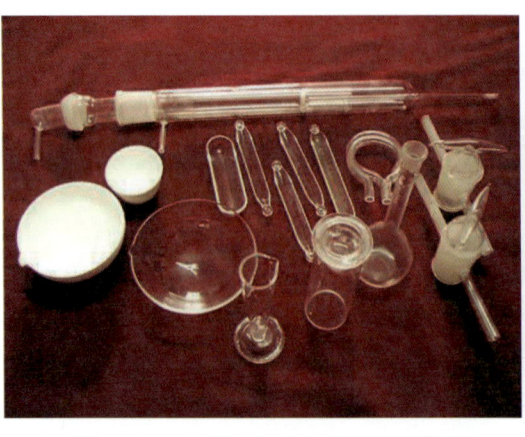

▲ 圖 6-29 石英玻璃化學實驗儀器

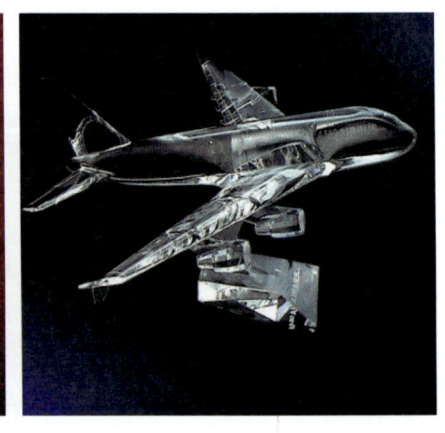

▲ 圖 6-30 鉛玻璃藝術品

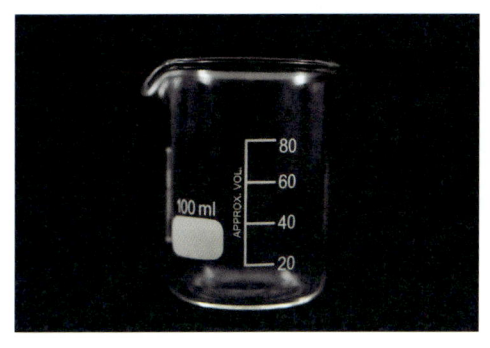

▲ 圖 6-31　硼玻璃化學儀器

2. 特殊的玻璃

（1）強化玻璃

　　強化玻璃係將平板玻璃加熱至接近軟化點時，在玻璃表面急速冷卻，使壓縮應力分佈在玻璃表面，增加玻璃使用時的安全度。強化玻璃之強度約為普通玻璃的 5 倍，當玻璃被外力破壞時，會成為豆子大的顆粒，減少對人體的傷害（圖 6-32）。強化玻璃可耐溫度之急速變化，主要用於汽車、火車、船舶、建築、傢俱、自動門、電扶梯、壁爐等（圖 6-33）。

▲ 圖 6-32　強化玻璃遭受外力破壞時會成為顆粒

▲ 圖 6-33　強化玻璃採光罩

（2）膠合玻璃

膠合玻璃係利用高溫高壓，在兩片玻璃間夾入強韌而富熱可塑性的塑膠膜而製成，塑膠膜具有強韌、透明、彈性、可以黏附在玻璃上的特性，所以當膠合安全玻璃受到撞擊時，玻璃碎片會黏在中間的塑膠膜上面，不至於到處亂飛而傷到人。

膠合玻璃用於建築時，因塑膠膜有降低太陽光中紅外線穿透的功能，可節省冷氣耗電量，為高效率節能建材，如使用有色塑膠膜的膠合玻璃，可提昇建築物外觀的美感，另外塑膠膜的隔音效果甚佳，又塑膠膜具有隔離紫外線的效能，可防止室內傢俱、織物、陳設品和壁紙等褪色或受損，所以廣用於建築業（圖6-34）。

膠合玻璃也用於汽車前擋風玻璃、商店櫥窗及防爆、防彈等用途（圖6-35）。

▲ 圖 6-34 膠合玻璃使用在建築（新竹高鐵站）

▲ 圖 6-35 膠合玻璃用於汽車前擋風玻璃

（3）有色玻璃

有色玻璃是在玻璃中加入金屬氧化物所形成的（圖6-36），例如：

紅色玻璃：含氧化亞銅

藍色玻璃：含氧化亞鈷

黃色玻璃：含硫化鎘

綠色玻璃：含氧化鉻

紫色玻璃：含二氧化錳

▲ 圖 6-36 各種顏色的玻璃瓶

陶瓷

1. 一般陶瓷

（1）瓷器

自然界中所產生的黏土，種類很多，純的黏土為白色柔順的固體，稱為瓷土或高嶺土，以瓷土於 1500℃下燒製而成的器皿稱為**瓷器**，瓷器為陶瓷器中最優良者，其胚質緻密而堅硬，扣之聲輕，無滲透性，主要用於製造高級餐具、絕緣體、化學器具、花瓶、食品壺等（圖 6-37）。

（2）陶器

陶器製造方法和瓷器相同，但原料是純度較低的黏土（一般含有氧化鐵，呈紅褐色），且於較低溫度下（約 1150～1200℃）燒成，陶器一般呈赤褐色而不透明，多孔而有吸水性，敲打時發出濁音，常用於製造餐具、容器、衛浴設備、花瓶、食品壺等（圖 6-38）。

▲ 圖 6-37 瓷器

▲ 圖 6-38 陶器

2. 精密陶瓷

精密陶瓷是採用高純度、超細粉末的無機材料為原料，利用各種化學或物理方法精確控制組成及均勻度，接著處理成型，然後再經精密的燒結步驟，最後加工而成的陶瓷。

精密陶瓷具有堅硬耐磨、耐高溫、耐腐蝕、絕緣，優異的光、熱、電、磁以及與生物體相容等特性，可用來製造水龍頭閥蕊、火星塞、人工關節和骨頭、人工牙齒和牙根、汽車引擎汽缸、太空梭外表的隔熱片等（圖 6-39）。

三 磚瓦

磚瓦係由最低級的黏土燒結而成，磚瓦的細孔會透氣或滲水，硬度低又不耐磨損，主要用於建築（圖 6-40、圖 6-41）。

▲ 圖 6-39 水龍頭（左）和內部的精密陶瓷閥蕊（右）

▲ 圖 6-40 磚頭

▲ 圖 6-41 屋頂上的瓦片

6-4 運動場地、運動與休閒用品材料

一 室內外運動場地之面層常用的材料

室內外運動場地之面層目前常用的材料有以下幾種：

1. 水泥粉光

以<u>水泥粉光</u>作為面層（圖 6-42），在面層上再塗油漆，可顯示美觀與識別區域範圍，但下雨時極易滑倒，且漆色容易被磨掉或剝落。所以通常會先摻入硬地素材、骨材及水泥漆料後再粉光，不但可以增加強度延長使用年限，不易滑溜，顏色也可維持較長時間不磨損。

▲ 圖 6-42 水泥粉光籃球場

2. PU（聚氨酯）

PU 因為具有彈性佳、容易維護及防水的優點，所以近年來許多單位及學校的田徑場跑道及室內外運動場地的面層廣用 PU（圖 6-43），室內如體育館及小型運動空間（如桌球室、羽球館），室外如網球、籃球及排球場等。

▲ 圖 6-43 PU 跑道

3. 壓克力

<u>壓克力</u>為國際網球硬地球場之指定材料（圖 6-44），也為目前國內室內外網球場、室外籃球場、排球場和手球場面層常用材料，具優良之抗紫外線特性，不易褪色，不易磨損掉色，且止滑效果佳，故可減少運動傷害。

▲ 圖 6-44 壓克力網球場

4. 合成橡膠

合成橡膠較常使用在室內運動場地面層（圖6-45），如室內跑道、室內球場、重訓室等。優點為較為抗壓、不易打滑，但缺點是容易散發化學原料味道。

5. 木地板

木地板適合室內運動場地使用（圖6-46），如籃球、排球、羽球、手球場等。木地板優點為安全性高，可減少運動員受傷，即為他們啟動、蹬跳、滑步等各項劇烈動作提供安全保障，缺點為價格昂貴、怕水，容易裂且不耐磨。運動場地的木地板與一般家用木地板差異頗大，除了表面的保護漆需要用止滑係數及耐磨係數較高的透明漆外，底層的角材或夾板通常也會設置吸震墊來增加木地板遭受重力衝擊時的緩衝能力。

6. 天然草皮

天然草皮為高爾夫球、網球、足球、棒球、曲棍球、壘球等最常使用的運動場地面層材料之一（圖6-47），具有柔軟、不易受傷的特性，雖然目前許多運動場漸漸開始使用維護費用較為低廉的人造草皮，但是許多國際級的比賽場地還是使用天然草皮，如英國溫布敦網球公開賽、世界盃足球賽場地裡的天然草皮，短期內依然無法被人造草皮所取代。

7. 人造草皮

近年因為科技的進步，人造草皮的特性及功能越來越接近天然草皮，而又有天然草皮不具有的優點，如保養費用較低及適合各種氣候使用，因此越來越多運動的競賽場地，如足球、棒球場等，都開始使用人造草皮（圖6-48）。

▲ 圖 6-45 合成橡膠地板健身房

▲ 圖 6-46 木地板室內籃球場

▲ 圖 6-47 天然草皮棒球場

▲ 圖 6-48 人造草皮足球場

運動球類和相關用具的材質

1. 籃球

打籃球除了技巧之外，對於籃球的選擇也非常重要，在不同面層材料的籃球場打籃球應選擇不同材質的球，因為每一種材質各有其優缺點，籃球的材質有以下三類：

（1）真皮

真皮材質的籃球手感好，表皮遇到汗水也不會出現滑手等困擾，彈性佳，極易操控。但是價位高，不耐磨，並且只能在室內的木地板使用（圖 6-49）。

（2）橡膠

橡膠籃球具有極好的防水抗霉性能，價位低，但手感差，耐磨性因廠牌而異，彈性不穩。相較於合成皮的籃球來說，橡膠材質的籃球較硬，適合在室外場地使用（圖 6-50）。

（3）合成皮

合成皮籃球中價位，多種手感，多半不耐磨，彈性不一定，室內外皆可，但比較適合戶外（圖 6-51）。

▲ 圖 6-49 真皮籃球　　▲ 圖 6-50 橡膠籃球　　▲ 圖 6-51 合成皮籃球

2. 網球

（1）網球

不同等級的球會使用不同的材質來製造，而球的構造為球心和表面的球毯，比賽用球的球心構造為空心加上高壓氣體，球毯則是羊毛和超長編織纖維，球毯製造時著重的是使球內的氣體不會外滲、增加耐磨度和延長網球的使用壽命（圖 6-52）。

（2）網球拍

初學者選購球拍時，儘量不要買鋁拍、木拍，鋁拍、木拍較重，彈性、避震效果也較差，較會造成運動傷害。目前網球拍的主流是碳纖維為主的複合材料，球拍輕且避震效果好，也較不易造成運動傷害，但價位一般比鋁拍貴（圖 6-53）。

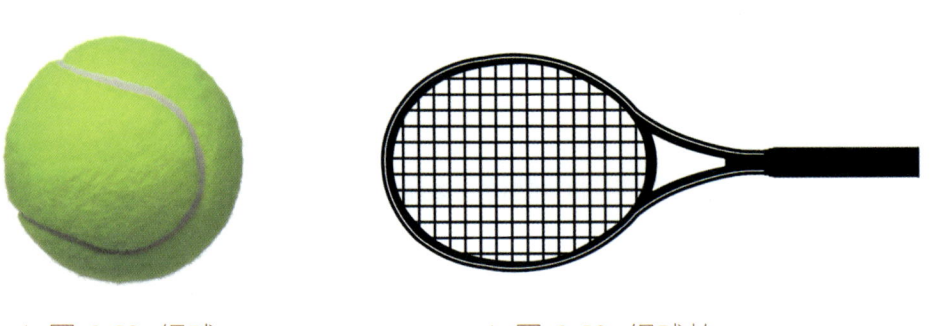

▲ 圖 6-52　網球　　　　　　　　　▲ 圖 6-53　網球拍

（3）網球拍線

網球拍線按材質可分以下幾類：

① 天然腸線

天然腸線其實是牛腸子的絨毛膜，不過大家習慣了羊腸線的叫法。天然腸線彈性好，手感好但價格是所有網球拍線中最昂貴的，一旦潮濕彈性就變差，而且容易斷。

② 仿腸線

仿腸線常用的材料是尼龍或者其它較軟的化學纖維，透過不同的編織方法和一些添加物編織成線。現在市面上見到的仿腸線大都屬於軟線，其優點是硬度低、彈性好，有良好的減震性能，價格便宜，缺點也和天然腸線一樣，就是不耐打。由於彈性好，仿腸線比較適合喜歡借力（借對方的力量把球回擊過去）的球員。

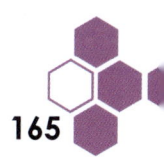

③ 聚酯纖維線

　　聚酯纖維線是現在最常見的線，它是一根聚酯纖維加上外表的一層塗層。

　　相較於天然腸線和仿腸線，聚酯纖維線較耐用，非常適合喜歡發力（自己發適當的力量打球）的選手，特別是那些老是打斷拍線的球員，但不適合非力量型和追求球感的選手。聚酯纖維線的缺點是偏硬，手感較差，但隨著技術的發展，較新的軟聚酯纖維線在保證硬度的同時也將擊球手感調得非常柔和，換言之，在擊球紮實的同時，對手臂衝擊也不明顯。

④ 子母線

　　子母線即硬線和軟線的結合，一般而言，都是球拍的豎向硬線，橫向軟線，這樣打球的手感會更順，既有硬線的優點，也有軟線的優點。子母線雖然手感不錯，但軟線還是比較容易斷。

3. 羽球

（1）羽球

　　羽球的羽毛是以**鵝毛**或**鴨毛**為主，經過漂白篩選後，上等毛用來做比賽球，毛色較不純或毛質較差的則作練習球。一般一顆羽球是以 14 或 16 根羽毛排成對等圓圈狀，羽毛長度則依全毛和半毛而有所差異（圖 6-54）。

　　球頭以**軟木**製成，根據軟木的等級，羽球可區分為比賽級與練習級，軟木的好壞會影響球的彈性。

▲ 圖 6-54　羽球

（2）羽球拍

　　羽球拍的材質種類很多，如鋁碳一體拍（拍框為鋁合金，拍杆為碳纖維）、鋁合金拍、鋁鐵一體拍、碳纖維、鈦合金、高強度碳纖維等。

　　現在市面上的羽球拍材質幾乎都是**碳纖維**、**鈦合金**、**高強度碳纖維**等，因為這些材料輕、強度大、耐用，又能吸震，同時球拍的硬度、球感、擊球性能也都大為提升，因此深受消費者喜愛（圖 6-55）。

▲ 圖 6-55　羽球拍

（3）羽球拍線

一般羽球拍線材質不外乎尼龍、其他合成纖維和羊腸線等，**羊腸線**是用羊的小腸製作而成，彈性較好，但怕潮濕，穿線時必需非常小心，不得折扭否則容易損壞，其次是成本高。

現在市場上羽球拍線絕大多數都使用**尼龍線**或**其他合成纖維線**，材質不同，其彈性、耐用度等也都不同。

4. 棒球

（1）棒球

棒球有硬式和軟式之分，硬式棒球就是俗稱的「紅線球」，球面上有108針的縫線是它最大的特徵，硬式棒球是由**軟木**、**橡膠**或**類似材料**為芯，捲以絲線並由兩片**白色馬皮**或**牛皮**緊緊包紮並縫合108針而成（圖6-56）。硬式棒球是目前使用最為普遍的球，各項重要國際賽事與職棒比賽都是使用硬式棒球。

（2）棒球棒

棒球棒有木棒和鋁棒兩種，**木棒**為實心棒，若沒有確實擊中球心或是球沒撞擊到球棒的重心，往往不容易將球擊得很好，若沒有好的打擊技巧，投手投內角球時，打擊者如硬揮棒，常常會產生斷棒或裂棒的情形，所以木棒的折損率較高，相對的價格比鋁棒為低（圖6-57）。目前美、日、韓、臺職棒和世界盃成棒賽都是使用木棒進行比賽。

鋁棒為空心棒，材質為金屬，由於較實心木棒具有彈性，所以不需要太好的打擊技巧就能將球擊得很遠，而且不容易斷棒，即使棒頭稍微凹陷也可以繼續使用，所以折損率較低，相對的價錢就比較高一些。

▲ 圖 6-56　棒球

▲ 圖 6-57　木製棒球棒

（3）棒球手套

棒球手套皮質比較常見的有一般**牛皮**、**小牛皮**、**鹿皮**等（圖 6-58），好的手套要輕，這樣動作才可以比較靈敏；皮要夠厚，才能耐衝擊；皮質要好，至於皮質的好壞要自己去感覺，好的皮會讓你覺得舒服，一般來說小牛皮就已經算是相當不錯的了，不過牛皮有一個缺點就是比較重，所以有的手套外層用牛皮，內裡用鹿皮，觸感不錯又比較輕。

▲ 圖 6-58 棒球手套

5. 乒乓球

（1）乒乓球

乒乓球材質有**賽璐珞**和**新材質塑膠**兩類，賽璐珞球較軟、富有彈性，但遇火、高熱極易燃燒。新材質塑膠球可降低旋轉、彈跳和球速，讓球賽的節奏稍微慢一點。新材質塑膠球略大於賽璐珞球，但顏色都必需是消光的白色或橘色（圖 6-59）。

2014 年起國際桌球總會規定世界級比賽要採用新材質塑膠球，但並沒有禁止其他組織使用賽璐珞球。

▲ 圖 6-59 乒乓球

（2）乒乓球拍

球拍主要分為兩大類：**直板**（又稱正板）和**橫板**（又稱刀板）（圖 6-60、圖 6-61），乒乓球拍由膠皮和底板組成，膠皮由上膠與海綿所組成，但也有些球拍是沒有海綿的，上膠則分為平面與長、短顆粒，一般而言，平面膠皮可以產生比顆粒膠皮更為旋轉的擊球，而短顆粒膠皮可以產生比平面膠皮更為快速的擊球。在膠皮與底板之間加入了海綿層，可增加球拍的彈性還有吃球（抓球）的性能。

▲ 圖 6-60 正板（正手拍）　　▲ 圖 6-61 刀板

每一支乒乓球拍的底板根據國際桌球協會規定，至少要有 85% 以上為木質材料，但底板分為單板和 2、3、5、7、9 夾層等，為了使球拍的彈性更好，震動更小，製造商往往會加入不同材質的夾層，如碳纖維、玻璃纖維等。

為迎合不同攻擊模式的運動員，乒乓球拍有進攻板、全面板、防守板之分。

6. 排球

排球材質可分成三類：**皮球**、**膠球**和**泡棉球**，球必須為圓形，一般排球的外殼由柔軟的牛皮或合成皮製成，內裝為橡膠或類似材質製成的球膽。新型排球顏色由過去的藍、白、黃三種顏色改為黃、藍雙色排列（圖 6-62）。

傳統排球的球皮表面係以 18 塊皮縫合而成，球皮是平滑的。

新型的排球則以 8 塊皮縫合而成，並在球體上呈花瓣狀螺旋縫合，同時球皮表面由許多小凹洞組成，所以即使接觸汗水也不會濕滑，又可降低飛行時球體表面產生的空氣阻力，提高手掌與球之間的摩擦，也可提升選手對球的操控性，使球的飛行軌跡更穩定，也讓防守的選手更能精準地預測球的落點，增加攻守的回合數，進而提高比賽的可看性。

7. 足球

足球的材質有**牛皮**和**合成皮**兩類，現在市面主流為合成皮（圖 6-63），合成皮為塑膠材料，有 PU 和 PVC 兩種不同材質，PU 的物理性能比 PVC 好，柔軟度和彈力、抗拉強度、透氣性和抗天氣變化能力也皆優於 PVC。

一級賽事用足球的設計與製造，已改用機器人將皮料黏成一顆球，改變過去用手縫合的工法，少了縫線，足球不會吸水，下雨天不會愈踢愈重。

另外，足球表面有細如螞蟻的特殊咬花設計，球體飛行時能抓住周邊空氣，穩定球的飛行軌跡，改善過去足球因表面太光滑，飛起來會漂浮不定的缺點。

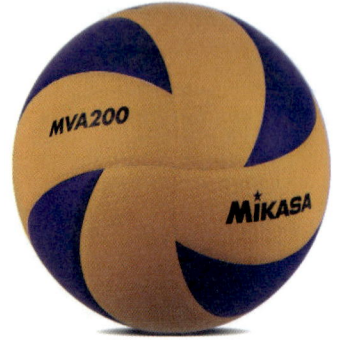

▲ 圖 6-62 排球　　　　　▲ 圖 6-63 足球

8. 壘球

壘球分成快速壘球和慢速壘球兩種，最主要的差異在於快速壘球的投手採用快速甩臂投球，慢速壘球則是慢速甩臂投球。目前台灣以慢速壘球較為普遍，許多社區、學校與公司行號都會組織慢速壘球隊。相對於慢速壘球，快速壘球在世界的曝光度就高很多，而台灣快速壘球著重於女子壘球。

（1）壘球

壘球較棒球大，慢速壘球所用的球，是採用 **PU** 心外包**馬皮**、**牛皮**或**合成皮**，縫線必須是紅色，縫痕規律、隱沒（圖 6-64）。國際比賽球都會經過國際壘球總會檢定通過，而國內比賽球則需由中華民國壘球協會檢定通過。

（2）壘球棒

壘球棒較棒球棒小且較輕，材質有**木棒**、**鋁棒**、**鈦金屬棒**等（圖 6-65）。最近棒球回歸到早期使用木棒，而壘球還沒有規定要回歸木棒，可依需求或預算等做選擇。

（3）壘球手套

慢速壘球手套是和快速壘球手套相同（圖 6-66），因慢速壘球的球速比較慢，捕手在投手將球投出落地後再接補即可。

棒球手套較小，壘球手套較大。如果拿棒球手套去接壘球，則棒球手套容易變形。相反，拿壘球手套去接棒球，則接球的「觸覺」不確實，會直接影響到傳接球的靈活性。

▲ 圖 6-64 壘球　　▲ 圖 6-65 壘球棒

▲ 圖 6-66 壘球手套

三 自行車架和相關配備的材質

1. 自行車架

自行車架的材質有鉻鉬鋼、鋁合金、鈦合金、碳纖維、鎂合金和以金屬為基體的混合物（圖 6-67），每一種材質皆有其優缺點，可根據需求和預算等做選擇。

▲圖 6-67 碳纖維自行車

2. 自行車專用安全帽

自行車專用安全帽採材質輕的 PU 或保麗龍，帽上有排熱通風洞（圖 6-68）。

▲圖 6-68 自行車安全帽

3. 自行車衣

自行車衣為高領口、長短袖都有、背部腰下有口袋，為透氣排汗材質，為減少風阻不宜買太大，以舒適但不緊貼為原則（圖 6-69）。

4. 自行車褲

自行車褲為透氣排汗材質，緊身、下檔及臀部坐處有加強厚度的墊子，以增加騎乘時的舒適度（圖 6-70）。

▲圖 6-69 自行車衣

5. 自行車手套

為防止流汗手滑以及跌倒手著地時多一層保護，手套手心處有加厚處理，部份手套手背處有毛巾布材質可機動擦汗（冬天擦鼻涕）（圖 6-71）。

▲圖 6-70 自行車褲

▲圖 6-71 自行車手套

6-5 高科技產業常用的材料

高科技產業與化學可以說彼此唇齒相依，關係密切。以下就高科技產業常用的材料簡單作介紹：

一、奈米材料

奈米（nm）是一種長度單位，1 奈米 = 10^{-9} 公尺，如果告訴你 1 根頭髮的直徑約等於 1000 奈米，你大致上就可以瞭解奈米是多麼微小的單位了。應用奈米技術使材料的尺寸，長、寬、高之中至少一項的長度小於 100 奈米（奈米級）時，這些材料原本的物理或化學性質都將產生變化，而使得強度、韌性、導電性、磁性、光學性質、光電性質、熱傳導性、擴散性及反應性等有別於一般巨觀尺度下的特性，這種現象稱為奈米現象，而這些利用奈米技術所製成的材料，我們稱之為 奈米材料。常見的奈米材料有以下幾種：

1. 奈米碳管

奈米碳管是由一層或多層石墨中的碳原子捲曲而成的空心籠狀纖維，外觀為超微細管所成的針狀物，直徑約 1～100 奈米之間，奈米碳管質輕、強度大、彈性佳、具可撓曲性、導熱能力佳，可為導體或半導體，可做為防彈背心的材料，也可用於製造電視與電腦顯示器，這類新型顯示器比傳統的電視或液晶顯示器更薄、更省電且更便宜。奈米碳管更可做為飛機與太空梭的新複合材料。又奈米碳管具有優異的儲氫能力，可用於製造氫汽車燃料電池。

2. 二氧化鈦光觸媒

光觸媒材料是指在光的照射下，會把光能變成化學能，以促進有機物的合成或分解，但本身不會增減的材料，換言之，我們可以利用光觸媒材料來分解汙染物或去除臭味等，因此光觸媒可說是極具發展潛力的綠色環保材料。

奈米二氧化鈦具有良好的光觸媒活性，而且有物理與化學性質穩定、耐酸鹼、價格便宜、容易製造、無毒等優點，因此為優良的光觸媒材料。二氧化鈦光觸媒因為具有分解有機物與超親水性（即水很容易附著其上）的特性，所以有殺菌、去汙、除霧、脫臭、淨水、抗癌等六大功能。

3. 奈米陶瓷

奈米陶瓷係將陶瓷材料加工處理為奈米級的大小，增加陶瓷材料的接觸面積、可塑性，也因此使得陶瓷材料的可應用性大為提升，如陶瓷滾動軸承、陶瓷刀具等皆是奈米陶瓷製成的（圖 6-72）。

▲ 圖 6-72 奈米陶瓷刀具

二 半導體材料

有些物質導電性介於金屬與非導體之間，但隨著溫度的增加，導電性也跟著增加，這種物質稱為**半導體**，矽（Si）和鍺（Ge）是最常用的半導體材料。

半導體可製成各種元件，應用在電子工業、光學工業和能量系統上，如雷射、太陽能電池的製作等，矽晶更廣泛運用在**積體電路**（IC）等的製作上（圖 6-73）。積體電路就是把大量的電子元件如電阻、電容、電晶體等放在一塊矽晶上。

積體電路成本低、性能高且能量消耗低，所以整個電子工業，尤其是使用小型電子設備的，如電腦、電訊、生物科技、太空產業等，都缺少不了積體電路。

三 超導體材料

有些合金和金屬氧化物當溫度下降時，電阻就會減少，當下降至其臨界溫度時，電阻值會突然變為零，處於這種狀態的物質稱為**超導體**。超導體的超導現象為「零電阻」與「反磁性」（圖 6-74），因此若以超導體作為電流的傳遞媒介時，在其內引發電流時，由於無電阻，電流將可持續流動，電能也不會衰減。又如將磁鐵放在超導體上方，則會因排斥作用而懸浮在空中。

▲ 圖 6-73 積體電路的外觀　　▲ 圖 6-74 超導體的反磁性現象

常見的超導體材料為**釔鋇銅氧化物**，此材料放入液態氮（-196℃）中，將會呈超導狀態，這屬於高溫超導體。目前超導體較重要之用途：如做為電力輸送、發電機、磁浮列車、製造超強磁鐵、儲存能量、提高電腦速度、腦波偵測器等（圖 6-75）。2018 年，德國化學家發現**超氫化鑭**，在溫度 -23℃下有超導性出現，是目前已知最高溫度的超導體。

▲ 圖 6-75 磁浮列車

四 液晶

有些液體在一定溫度範圍內（通常為 -5 ～ 65℃之間）分子排列具有方向性，分子運動也有特定規律，這種液體，我們稱之為液態晶體，簡稱**液晶**。液晶具備液態流體的流動特性、表面張力與固態晶體的折射、散射、透射等光學特性，簡單來說，當液晶受到電壓的影響，便會改變它的物理性質而產生不同的排列，影響它對光線的透射程度，也因此會產生明暗的變化。

液晶已普遍應用於醫學上的血管偵測儀、手機、筆記型電腦、數位相機、電子錶、彩色印刷、溫度或光學記錄器等的顯示器上，這些顯示器稱為液晶顯示器（LCD）（圖6-76）。

五 光纖

光纖就是能夠傳輸光波的纖維，約比頭髮稍粗，是由核心與外殼兩部分所組成，核心是纖細、純淨的二氧化矽玻璃線，外殼則由折射率較小的塑膠製成。光纖主要用於製作電纜線（圖 6-77），以傳輸傳真度較高的訊息。

▲ 圖 6-76 液晶顯示器　　▲ 圖 6-77 光纖電纜線

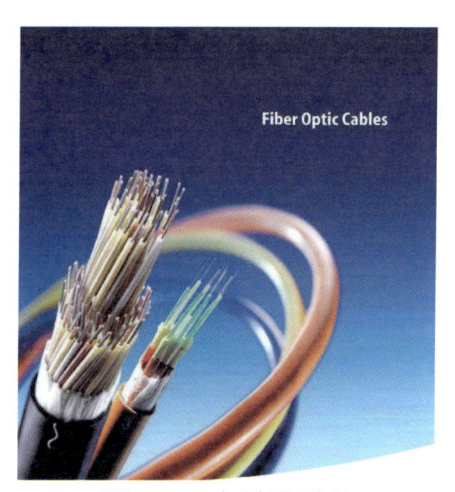

六 導電高分子材料

導電高分子材料具備了有機高分子的性能以及金屬與半導體之導電特性，不僅可作為多種金屬材料和無機導電材料的代用品，而且已成為許多尖端科技產業不可缺少的材料，例如導電塑膠已廣泛使用於發光二極體（LED）、平面顯示器、手機電池的電極與各種電子零件等。

七 玻璃纖維

將熔化的液態玻璃向兩方急拉時，會變成細長的纖維狀玻璃，稱為**玻璃纖維**，種類繁多，一般的優點為抗拉強度大、機械強度高、抗腐蝕性好、絕緣性好、輕而耐熱和耐水，常做為電路基盤以及絕緣、絕熱和隔音的材料。也常做為複合材料中的補強材料，用於製造各種運動用具和用於造船、汽車業（圖 6-78）。抗腐蝕性好，所以濱海的建築物也常用玻璃纖維和特種混凝土來蓋。

八 植物纖維複合材料

將**植物纖維**（如稻殼、小麥殼、稻桿、甘蔗渣、椰子殼、亞麻、木屑、咖啡渣、絲瓜纖維、鳳梨纖維等各種農業副產品或廢棄物）加入樹脂中形成複合材料（圖 6-79），其中植物纖維是為補強材料，樹脂是基體。

這類複合材料主要優點為環保、重量輕、強度大、成本低和具有良好的隔熱與隔音功能，汽車業主要應用在門板、內飾件、後行李板、座椅靠背、擋泥板和擾流板等。建築業則用在裝潢材料、模板和合板等。

▲ 圖 6-78 玻璃纖維快艇

▲ 圖 6-79 各種植物纖維

九 碳纖維

碳纖維是纖維狀的碳材料，目前的技術不能直接用碳或石墨來抽成碳纖維，只能採用含碳的有機纖維如尼龍絲等做原料，與樹脂混合再經特別處理得到。

碳纖維具有高硬度、高強度、質輕、耐腐蝕、耐高溫、耐摩擦、導電性能好、熱膨脹係數小等優點，但由於碳纖維高溫時的抗氧化性和韌性較差，所以很少單獨使用，主要作為各種複合材料的補強材料。用途有以下幾項：

▲ 圖 6-80 碳纖維汽車後視鏡外蓋

1. 航空、航天方面

在航空工業中，碳纖維可以作為航空器的主承力結構材料，如主翼、尾翼和機體等。在航天工業中，碳纖維可用作導彈防熱及結構材料等。

2. 交通運輸方面的應用

碳纖維複合材料可用來製造汽車傳動軸和配件等（圖 6-80），也可用於製造快艇等。

▲ 圖 6-81 碳纖維滑雪板

3. 運動器材

碳纖維可用來製造網球拍、羽毛球拍以及棒球棒、曲棍球桿和高爾夫球桿、自行車架、滑雪板等（圖 6-81）。

4. 其他用途

碳纖維可用來製造化工耐腐蝕機具、零件和容器，如泵、閥、貯罐等。碳纖維複合材料還是較好的橋梁和建築物的修補材料（圖 6-82），也廣泛用於製造醫療器械等。

▲ 圖 6-82 碳纖維複合材料用於國道橋梁的避震補強

學習評量

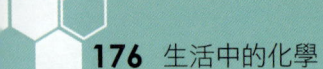

一、請在空格處填入適當內容

1. 塑膠的俗名

塑膠名稱	俗　名
聚甲基丙烯酸甲酯	壓克力
聚四氟乙烯	①
酚甲醛樹脂	電木
三聚氰胺樹脂	②

二、簡答題

1. 汽車擋風玻璃是用哪一種特殊玻璃製成的？

2. 何謂光觸媒材料？

3. 碳纖維具有那些優點？

三、學後心得

學過「運動球類和相關用具的材質」後，對於你選購這類用品是否有幫助？

附 錄

學習評量解答

Chapter 1

一、請在空格處填入適當內容

① 羅布斯塔種
② 阿拉比卡種
③ 保色劑
④ 甜味劑
⑤ 膨脹劑

二、簡答題

1. 兒茶素。
2. 飲用過多的咖啡，過量的咖啡因會刺激中樞神經，進而導致心跳加快，也有可能引起骨質疏鬆。
3. 磷。

Chapter 2

一、請在空格處填入適當內容

① 棉
② 纖維素
③ 絲
④ 蛋白質
⑤ 界面活性

二、簡答題

1. 導電物質。
2. 冬天登山健行宜採用三層式穿衣方式，第一層（最內層）應穿著排汗、透氣衣，第二層衣服以保暖為主，第三層衣服則應考量防風、防水的性能。
3. 氧系漂白水、氯系漂白水。

Chapter 3

一、請在空格處填入適當內容

① 護膚保養化妝品
② 清潔用化妝品
③ 彩妝化妝品

二、簡答題

1. 浮水皂是用皂基在冷卻析出的過程中，高速攪拌同時打入大量冷空氣而製得。
2. 乾洗手乳是由 70～75% 酒精和膠調製而成，本身不含清潔成分，主要是藉由 70～75% 酒精來達到最佳的殺菌效果。
3. （1）面膜與皮膚緊密接觸會使臉部角質層的水分含量增加，而使皮膚變得柔嫩，同時也會使皮膚表層溫度升高，促進血液循環，進而增加皮膚表面的吸收作用。
   （2）面膜與皮膚緊密接觸會使毛孔張開，再加上面膜本身具有吸收作用，所以更能吸附皮膚表面的汙垢，使皮膚更加乾淨。

學習評量解答

Chapter 4

一、請在空格處填入適當內容

① 健康食品標章
② 溫開水
③ 止痛

二、簡答題

1. 磺胺藥物、抗生素。
2. 高血壓、高血糖和高血脂。
3. （1）常見的毒品依其成癮性、濫用性及對社會危害性分為四級。
   （2）第一級毒品是毒害最嚴重的。

Chapter 5

一、請在空格處填入適當內容

① 藍色
② 黃色

電池種類	一次電池	二次電池
鉛蓄電池		○
水銀電池	○	
乾電池	○	
鎳氫電池		○
鹼性乾電池	○	

二、簡答題

1. 石油、煤、天然氣。
2. 燃料電池是將燃料中的化學能直接轉變成電能的裝置。
3. 廢電池回收點：
   （1）資源回收車
   （2）量販店
   （3）超級市場
   （4）連鎖便利商店
   （5）連鎖化妝品店
   （6）攝影器材行
   （7）無線通信器材行
   （8）交通場站便利商店。

Chapter 6

一、請在空格處填入適當內容

① 鐵氟龍
② 美耐皿

二、簡答題

1. 膠合玻璃。
2. 光觸媒材料是指在光的照射下，會把光能變成化學能，以促進有機物的合成或分解，但本身不會增減的材料。
3. 具有高硬度、高強度、質輕、耐腐蝕、耐高溫、耐磨擦、導電性好、熱膨脹係數小等優點。

筆記欄 MEMO

筆記欄 MEMO

筆記欄 MEMO

筆記欄 MEMO

筆記欄 MEMO

書　　　名	生活中的化學
書　　　號	PN30101
版　　　次	2020年 2月初版 2024年 12月二版
編 著 者	蔡永昌
責 任 編 輯	徐螢箴
校 對 次 數	7次
版 面 構 成	顏彡倩
封 面 設 計	顏彡倩

```
國家圖書館出版品預行編目資料
生活中的化學 / 蔡永昌編著 --二版. --
新北市：台科大圖書, 2024.12
　　面；　公分
ISBN 978-626-391-227-4（平裝）
1.CST: 化學 2.CST: 通俗作品
340                     113007226
```

出 版 者	台科大圖書股份有限公司
門 市 地 址	24257新北市新莊區中正路649-8號8樓
電　　　話	02-2908-0313
傳　　　真	02-2908-0112
網　　　址	tkdbook.jyic.net
電 子 郵 件	service@jyic.net
版 權 宣 告	**有著作權　侵害必究** 本書受著作權法保護。未經本公司事前書面授權，不得以任何方式（包括儲存於資料庫或任何存取系統內）作全部或局部之翻印、仿製或轉載。 書內圖片、資料的來源已盡查明之責，若有疏漏致著作權遭侵犯，我們在此致歉，並請有關人士致函本公司，我們將作出適當的修訂和安排。
郵 購 帳 號	19133960
戶　　　名	台科大圖書股份有限公司 ※郵撥訂購未滿1500元者，請付郵資，本島地區100元／外島地區200元
客 服 專 線	0800-000-599
網 路 購 書	勁園科教旗艦店　蝦皮商城 博客來網路書店　台科大圖書專區 勁園商城
各服務中心	總　公　司　02-2908-5945　　台中服務中心　04-2263-5882 台北服務中心　02-2908-5945　　高雄服務中心　07-555-7947

線上讀者回函
歡迎給予鼓勵及建議
tkdbook.jyic.net/PN30101

生活中的化学